올레꾼이 쓴
제주올레길

올레꾼이 쓴
제주올레길

ⓒ 고상선, 2023

초판 1쇄 발행 2023년 8월 10일

지은이   고상선
펴낸이   이기봉
편집   좋은땅 편집팀
펴낸곳   도서출판 좋은땅
주소   서울특별시 마포구 양화로12길 26 지월드빌딩 (서교동 395-7)
전화   02)374-8616~7
팩스   02)374-8614
이메일   gworldbook@naver.com
홈페이지 www.g-world.co.kr

ISBN   979-11-388-2063-9 (03980)

올레꾼을 위한 오름과 유적 안내서

올레꾼이 쓴
제주올레길

올레꾼 고상선 글·사진

좋은땅

시작하는 글

　지금까지 살아오면서 정말 많은 길을 걷고 또 걸었습니다.

　한라산 정상 가는 길은 물론 지리산 화엄사에서 중산리 가는 길, 설악산 한계령에서 설악동 가는 길, 영남알프스 능선길을 비롯하여 전국의 크고 작은 명산 가는 길을 걸었습니다.

　또한 일본 후지산 정상(3,776m) 오르는 길, 코카서스 엘브러즈 정상(5,642m) 오르는 길, 히말라야 안나푸르나 베이스캠프(4,130m) 가는 길, 그리고 몽골올레길을 걷기도 하였습니다.

　그러나 내 고향 제주올레길은 개장식에 몇 번 참석해서 걸었을 뿐 근처 동네길이라 등한시한 것이 사실입니다.

　본격적으로 제주올레길을 완주하고자 걷기 시작한 것은 공무원 퇴직을 앞둔 2017년부터입니다. 제주올레길을 처음 완주할 때는 완주를 위해서 주말을 이용해 그냥 생각 없이 걸었기 때문에 주변을 돌아볼 겨를이 없었습니다.

그러나 두 번째, 세 번째 계속 완주하게 되면서 길이 보이기 시작했고,

길에 있는 오름을 오르면서 오름의 아름다움과 숨겨진 아픔을 알
게 되었고,

길에 산재하고 있는 유적을 보면서 제주의 어둡고 슬픈 역사를 알
게 되었고,

길에 있는 자연을 보면서 지질이나 곶자왈에도 관심을 가지게 되
었습니다.

그래서 이 책도 쓰게 되었구요.

'아는 만큼 보이고 아는 만큼 느낀다.'는 말은 예술품 감상에만 국한
되는 건 아닙니다.

제주올레길에 있는 오름과 유적을 알게 되면 올레꾼들이 느끼는
제주올레길의 깊이와 상상력은 달라질 수 있습니다.

부디

이 책을 읽으면서 걸었던 제주올레길을 추억하고,

이 책을 읽으면서 제주를 알고,

이 책을 읽으면서 제주올레길 27개 코스, 437km 걷기를 계획하였
으면 합니다.

이 책은 제주올레길을 걸으실 분, 걷고 있는 분, 걸었던 분에게 꼭
필요한 제주올레길 안내서입니다.

책을 내면서 제주도를 다시 생각하게 되었습니다.

이 책은 제주올레길 걷기가 점차 개별화, 일상화되는 여행, 관광이 아닌 휴식과 건강을 위한 여행 그리고 지역 주민과 밀착하는 여행과 맥을 같이하여 제주의 역사와 문화를 알리고자 합니다.

제주올레길을 걸으면서 자연의 아름다움만 보았다면 관광이고, 역사와 유적을 만났다면 여행입니다.

오름을 올라 정상에서 보는 자연 풍광과 시원한 바람을 즐기면서, 오름에 숨겨져 있는 아픈 역사와 더불어 제주의 문화 유적 등을 알았으면 합니다.

제주올레길을 한 코스도 안 걸은 사람은 있어도,
한 코스만 걸은 사람은 없습니다.
제주올레길을 알고 걸으면 한 곳을 걸어도 열이 보이고,
모르고 걸으면 열 곳을 걸어도 하나만 보일 것입니다.

올레꾼의
올레꾼에 의한
올레꾼을 위한 제주올레 책

사랑하는 나의 가족,
나와 함께 걸었던 많은 올레꾼들,

또한 따뜻한 마음으로 책을 만들어 주신 '좋은땅'의 모든 분께 진심으로 감사드립니다.

2023년 제주올레길에서
올레꾼 고상선

〈1코스 두산봉에서 본 지미봉과 우도〉

〈1코스 두산봉에서 본 우도와 성산일출봉〉

목차

제주올레1코스

〈시흥리정류장-광치기해변〉
(15.1km)

시흥리 버스정류장 간세를 출발하여 1코스 안내소를 거쳐 두산봉과 알오름을 올라 성산일출봉과 우도의 아름다움에 탄성을 지른 후, 바닷바람이 시원한 오조리 해안길을 걷고 성산일출봉과 터진목을 지나서 광치기해변에 도착한다.

〈두산봉에서 본 우도와 성산일출봉〉

정의현 첫 마을 시흥리

　　지금부터 100여 년 전 제주도에는 제주목(濟州牧), 정의현(旌義縣), 대정현(大靜縣) 등 3개의 행정구역으로 구분되어 있었는데, 시흥리 마을은 당시 채수강 정의군수가 '맨 처음 마을'이란 뜻의 시흥리라는 이름을 붙였다고 한다. 옛 이름은 힘센 사람이 많아 심돌 마을이라고 했다. 제주에 부임한 목사가 맨 처음 제주를 둘러볼 때 정의현(旌義縣) 시흥리에서 시작해 제주목(濟州牧)종달리에서 순찰을 마쳤다고 한다.

〈두산봉에서 본 시흥리 전경〉

몸집이 큰 두산봉(斗山峰)

이 오름은 서귀포시 성산읍 시흥리(말미오름)와 제주시 구좌읍 종달리(알오름)에 위치하고 있고, 높이는 해발 126.5m, 비고 101m(알오름 해발 145.9m, 비고 101m)에 달한다.

종달리에서 보면 알오름이 도드라져 그냥 완만한 산처럼 보이나, 시흥리에서는 외륜산의 절벽이 눈길을 끌면서 괴물의 험상궂은 머리통 모습을 하고 있다.

몸집이 큰 산이란 뜻으로 한자로 두산(斗山) 또는 두산봉(斗山峰)이라 하며, 또한 말을 많이 놓아 기르던 곳이라 해서 말미오름이라고 불러 한자명은 마산(馬山) 또는 마산봉(馬山峰)이라 하고, 머리라는 뜻에서 한자로 두산(頭山) 또는 두산봉(頭山峰)으로도 표시된다.

오름 한가운데는 전형적인 이중화산체로 새알을 닮은 알오름 '말산뫼'가 봉긋 솟아 있다. 이런 기생화산은 수중 분출물로 오름이 먼저 형성된 뒤, 육상에서 그 분화구 안에 다시 새끼오름이 솟아오른 것이다. 우도(소섬)의 쇠머리오름, 대정읍의 송악산, 고산의 당산봉 등도 같은 예다.

습지를 지나 무덤을 돌아간 곳에서는 허리까지 자란 풀이 바람결 따라 춤을 추는데, 그 넓이가 엄청나다. 육지에서는 보기 힘든 띠(제주에서는 새)라는 것으로 옛날에 볏짚을 구할 수 없었던 제주에서 억새와 함께 초가의 지붕을 잇는 데 쓰였다.

등성이에 올라서면 시흥리 들판과 성산항, 성산일출봉, 바다 건너 우도 등이 펼쳐진 광활한 풍광이 눈을 즐겁게 해준다. 망망대해는 말

할 것도 없고 왼손 가까이 지미봉, 모래밭을 낀 해안선 너머에 긴 꼬리를 하고 누운 우도(소섬), 발아래 오밀조밀 내려다보이는 시흥마을, 숲에 쌓인 세모꼴의 식산봉과 그 뒤의 바윗살을 드러낸 네모꼴의 성산일출봉 등, 그리고 뒤돌아본 스카이라인은 멀리 보이는 한라산을 중심으로 볼록볼록 솟아 있는 오름들이 보인다.

〈말미오름과 알오름〉

〈시흥리에서 본 말미오름〉

종달리에 소금밭이 있었다

　　사방이 짜디짠 바다인 섬나라 제주에 소금이 귀했다? 이상하게 들리지만 사실이다. 제주에는 염전을 만들 갯벌이 귀하기 때문이다. 그래서 종달리 사람들은 바닷물을 가마솥에 끓여 소금을 만들어 냈다.

　　제주 최초의 염전으로 제주 염전의 효시인 동시에 소금 생산의 주산지였다. 제주도의 염전은 16세기 이후 형성된 것으로 보이며『만사록』(1602년)에 조선 중엽 1573년 김려 목사가 종달리 해안 모래판을 염전 적지로 지목하고 이 마을 유지를 육지부로 파견하여 제염술을 전수케 하여 제염을 장려한 것이 제주 제염의 효시라고 했다.

　　제주에서는 소금하면 종달, 종달 하면 소금이라는 등식이 성립되어 한때는 종달리민을 가리켜 소금바치(소금밭 사람) 또는 소금쟁이라고 불리기도 했다. 해방 후부터 육지부 천일염이 대량으로 들어오면서 수지를 맞추지 못해 종달 염전은 자취를 감추게 되면서 지금은 염전지가 수답으로 바뀌었다.

〈소금밭 안내도 및 현재 모습〉

올레꾼이 쓴 제주올레길

호국영웅 강승우길

　　백마고지의 영웅 강승우 육군 중위는 1930년 서귀포시 성산읍 시흥리 태생으로, 한국전쟁이 발발하자 1951년 육군 보병학교에 입교하여 군사교육과 훈련을 마치고 12월 육군 소위에 임관되었다. 1952년 10월 철의 삼각지 전투 중 가장 치열했던 백마고지에서 중화기의 공격으로 아군 손실이 점차 증가하자, 10월 12일 새벽 강승우 소위는 소대원들과 함께 박격포탄으로 무장해서 수류탄을 뽑아들고 적진으로 돌격하여 난공불락의 기관총 진지를 폭파하여 장렬하게 전사하였다.

　　이에 정부는 고인에게 중위로 1계급 특진과 함께 을지무공훈장을 추서하였고, 2015년 8월 3일 이곳을 명예도로로 지정하였다.

〈강승우길에서 본 지미봉〉

방어 유적 오소포연대

      연대[1]는 사면이 바다인 제주도에만 있는 특이한 방어 유적으로, 성산읍 오조리에 위치한 오소포연대(吾召浦煙臺)는 오조리 해안가에 있으며, 수산진에 소속되어 별장(別將)과 봉군(烽軍)이 교대로 지켰으며, 북쪽으로 종달연대, 남쪽으로 협자연대, 그리고 성산봉수와 교신하였다.

〈오소포연대〉

---

1)   제주올레10코스 제주도의 방어 유적 참조

올레꾼이 쓴 제주올레길

영주10경 제1경 성산일출봉(城山日出烽)

이 오름은 서귀포시 성산읍 성산리에 위치하고 있고, 높이는 해발 179m, 비고 174m에 달한다.

본래는 육지와 떨어진 섬이었으나, 오랜 시간에 걸쳐 만들어진 모래 둑에 의해 반도 모양으로 본섬과 이어진 성산일출봉은 유네스코 세계자연유산에 선정되었고, 세계지질공원, 세계 7대 자연경관에도 이름을 올렸다.

삼면이 깎아지른 듯한 낭떠러지 암벽이고, 예부터 바닷가에 세운 성채 같다고 하여 성산(城山) 또는 숲이 무성하고 울창하다고 하여 청산(靑山)이라 일컬어져 온다.

측면에는 발달한 층리를 볼 수 있으며 절벽으로 둘러싸인 암벽의 기암괴석은 풍화의 결과로서 어떤 것은 안으로 둥그렇게 패어 들어가기도 하고, 어떤 것은 바윗돌이 얹힌 형태를 이루기도 한다.

분화구는 그 바닥이 해발고도 98m로 정상봉 꼭대기와 81m의 표고 차이가 나지만 전반적으로 볼 때 그리 깊은 화구는 아니며 넓고 완만한 초지가 형성돼 있다. 성산리 주민들의 연료 및 초가지붕을 이는 띠의 채초지(採草地)와 방목지(放牧地)로 쓰여 왔기 때문에 나무는 거의 없고 억새·띠 등으로 군락을 이루고 있다.

성산일출봉에는 인도(人道)와 우도(牛道)가 있었다. 인도는 지금 관광객들이 다니는 길이고, 우도는 예전에 소들이 오르내리던 길이다. 우도에는 지방턱 골짜기가 있어서 이 마을의 소들은 지방턱('문지방'의 제주어)을 넘어서 일출봉 분화구 안으로 들어가곤 했었다.

일제 강점기 태평양전쟁 막바지에 이른 1945년 수세에 몰린 일본은 결7호 작전[2]으로 불리는 방어 군사작전으로 제주도를 결사항전의 군사기지로 삼아 뚫은 성산일출봉 진지동굴은 일본해군의 자살특공 기지였다. 동굴을 만드는 데 강제로 동원된 전라도 광산 기술자 800여 명을 비롯한 제주 사람들에게 변변한 장비나 먹을 것도 제공하지 않은 채 6개월 이상 노역을 당했다고 하니 이는 부인할 수 없는 우리 선조들이 겪었던 고통과 참상의 현장이다.

또한 삼별초의 난[3] 당시 김통정 장군이 성산포에서 토성을 쌓고 적을 방위했다. 성산일출봉에 있는 돌촛대(등경돌이라고도 한다)에는 김통정 장군에 얽힌 전설이 있다. 김통정이 밤에 불을 밝히고 적을 감시했고, 성을 쌓을 때 그의 아내는 밤마다 돌촛대에 불을 밝히고 바느질을 했다. 부인이 '불빛을 조금만 더 돋우어 주면 좋겠다.'고 하자 장군이 돌덩이 하나를 주워 얹어서 불을 밝혔더니 그의 아내가 좋아했다는 이야기가 전해진다.

설문대할망[4]이 한라산과 오름을 만드느라 헐어빠진 옷을 바느질하기 위하여 일출봉으로 가서 기둥처럼 생긴 바위에 등잔을 올려놓고 불을 켰다는 등경돌(燈擎石)에 관한 전설도 전해지는데, 등불을 켜던 돌이 너무 얕아서 바위 하나 더 얹어 불을 밝혔다고 한다.

일출봉이라는 명칭은 원래 영주10경(瀛州十境)의 제1경인 성산출일(城山出日)에서 나온 듯하며, 성산봉(城山烽)이라 불렸던 봉수대는 북서로 지미봉수(地尾烽燧), 남서로 수산봉수(水山烽燧)와 교신했었다.

2)   제주올레1코스 결7호 작전이란? 참조
3)   제주올레16코스 삼별초의 난이란? 참조
4)   제주올레19코스 설문대할망 이야기 참조

〈성산일출봉〉

○ 진지동굴

성산일출봉은 일본해군의 자살 특공 기지였고 이곳의 동굴 진지는 폭약 실은 신요(합판으로 만든 모터보트에 폭발물을 싣고 그대로 목표물에 돌진하는 소형병기)라는 특공 소형선을 감춰 놓기 위한 비밀 기지였다. 제주도에는 성산일출봉, 서귀삼매봉, 고산 수월포 등 3개 지역에 신요부대가 배치되었다.

일출봉 해안에는 모두 18곳의 진지동굴이 확인됐는데, 총 길이가 514m로 제주도 내 특공기지 가운데 가장 긴 규모다. 성산일출봉 해안 일제 진지동굴은 2006년 근대문화유산 등록 문화재로 지정되었다.

〈진지동굴〉

올레꾼이 쓴 제주올레길

4·3 유적 터진목 유적지

고성리와 이어지는 좁은 길목을 터진목이라 한다. 매립되기 전 바다끼리 좁게 터진 길목이라서 붙여진 이름이었는데 육지로 변한 이후에도 지명은 그대로 남아 있다. 성산일출봉을 지나 해안선으로 접어들면 곧바로 터진목이다.

역사는 모른 체하고 자연 경관만 즐기며 그냥 지나쳐도 그만이긴 하다. 그러나 영주10경 중의 제1경인 성산일출봉과 마주한 이곳 성산포 터진목은 4·3 당시 성산면 지역 주민들이 토벌대에 끌려와 학살당한 한과 눈물이 서린 현장이다.

당시 서북청년단원들로 구성된 진압 중대가 주둔하며 학살을 자행했던 곳으로 악명이 높다. 터진목 좁은 길로만 육지와 연결된 섬이나 다름없어서, 소위 무장대들이 쉽게 공격해 올 수 없다는 지리적 여건이 토벌대 주둔지로서는 최적의 조건이 된 것이다. 마을의 한 초등학교 교실은 잡혀 온 주민들이 처형되기 전까지 감금되었던 유치장이었고, 터진목은 그 학살의 현장이었다.

〈터진목 유적지〉

Tip 1. 결7호 작전이란?

1944년 8월 10일 괌이 함락되고 이어 필리핀이 함락되자 일본은 패전이 눈앞에 다가왔음을 실감하고 연합군의 본토 상륙을 저지해서 최소한의 천황제 유지하기 위해 제주도를 일본 본토 사수를 위한 최후의 보루로 삼았다.

그리하여 1945년 2월 9일 일본 방위총사령관은 미국의 일본 본토 상륙에 대비해 그 길목을 차단하기 위한 '본토 방어 작전'을 수립한다. 암호명 '결호 작전'으로 홋카이도(결1호), 동북(결2호), 관동(결3호), 동해(결4호), 중부(결5호), 규슈(결6호), 제주도(결7호)가 작전의 무대가 됐다. 대본영회의에서는 홋카이도와 제주도를 가장 유력한 미군의 상륙 예정지로 판단하였다. 제주도를 확보하고자 결7호 작전은 더욱 다듬어지고 구체화되었고, 연합군의 착륙 시점에 맞춰서 정예병력 6~7만 명을 제주도로 불러 모았다. 당시 제주도 인구가 25~30만 정도였으니 얼마나 많은 일본군이 제주도에 배치되었는지 알만하다.

또한 제주도를 최후저지선으로 구축고자 병력 증가는(병력을 늘리는 것은) 물론 해안과 산악 지대를 옥쇄형 요새로 만들었다. 대표적인 요새로 성산일출봉, 대정 송악산, 한경면 청수리 가마오름, 제주시 사라봉과 별도봉, 어승생오름 등을 들 수 있다. 그리고 알뜨르 해군비행장, 정뜨르 육군서비행장, 진뜨르 육군동비행장, 교래리 비밀비행장도 구축한다.

'옥쇄작전'이란 옥처럼 아름답게 부서진다는 뜻으로 군·민을 총동원한 다 죽기 작전을 일컫는다. 즉 섬 전체를 군사 시설로 개조하고 연합군과의 전투에서 총알받이로 내몰려는 계획을 추진했다는 것이다.

1945년 8월 6일 미국은 역사상 최초로 원자폭탄을 히로시마에 투하했고, 8월 9일에는 나가사키에 두 번째 원자폭탄이 투하되었다. 8월 10일 일본 천황은 연합군 측에 무조건 항복 의사를 전달하고 8월 15일 항복을 선언한다. 만약 전쟁이 한 달만 더 지속되었다면 제주도는 어찌 되었을까, 대다수의 제주도민 역시 천황제 유지를 위해서 개죽음으로 몰려야 하지 않았을까 하는 끔찍한 가정을 해 본다. 다행히 제주에서 미군 상륙 저지 전투는 일어나지 않았으나, 해안 동굴을 파느라 강제로 동원된 제주도민들의 고초는 상상을 초월할 수 없을 만치 지독했다.

〈알뜨르비행장 원경〉

〈성산일출봉〉

제주올레1-1코스

우도
우도봉
방사탑

〈천진항(하우목동항)-하우목동항(천진항)〉
(11.3km)

천진항(또는 하우목동항) 간세를 출발하여 우도봉을 오른 다음, 우도등대에서 보는 제주도의 모습에 탄성을 지른 후, 해안길과 농로길을 걷고 하고수동 해수욕장을 거쳐서 하우목동(또는 천진항)에 도착한다.

〈우도〉

소섬이라 불리는 우도

우도올레는 제주올레의 축소판으로 제주의 다양한 풍경들을 한 코스 안에서 보여 주고 있어 올레꾼들의 사랑을 받는 길이다. 섬 전체가 용암 지대이며 넓고 비옥한 땅으로 이뤄져 있다. 또한 아름다운 백사장, 독특한 동굴 등 명소가 많아 오래전부터 여행자들이 즐겨 찾는 곳이다. 소가 드러누워 있는 모양이라고 하여 소섬, 쉐섬으로 부르다가 한자로 우도(牛島)라 표기한다.

지금은 여행객을 실은 배가 수시로 드나들지만, 옛사람들은 섬에 자라는 닥나무를 캐거나 염소를 기르기 위해 가끔씩 드나들 뿐 어룡굴에 용이 산다고 하면서 두려워했다고 한다.

물새만이 머무는 무인도에 사람이 처음으로 건너기 시작한 것은 1697년 말을 사육하기 위한 국영 목장 우도장(牛島場)을 설치하여 절제사(節制使) 유한명(柳漢明)이 국마(國馬) 200여 필을 사육하면서 사람들이 왕래하기 시작했다. 말은 우도에, 소는 가파도에 방목하여 진공(進貢)에 대비했던 것이다. 말의 감시인은 1년에 몇 번 돌아보러 건너왔을 뿐 상주하지 않았으니 무인도나 다름없었다.

1823년부터 인근 백성들이 우도 개간을 조정에 요청하자, 1841년 방목 중인 말을 다른 목장으로 옮기고 1842년에 허가가 내려졌다. 이에 따라, 1843년 봄부터 진사 김석린이 정착하여 우도 개간과 이주가 이루어져 사람들이 살기 시작했다.

우도에는 딸을 선호하는 전통이 있어, "아들 나민('낳으면'의 제주어) 엉뎅이('엉덩이'의 제주어) 때리고, 똘('딸'의 제주어) 나민 도새기

('돼지'의 제주어) 잡으라"라는 말이 전해지고 있다.

　배에서 보면 우도는 남쪽이 높고 북쪽이 낮다. 우도의 남쪽은 수성 화산이 폭발한 화구가 있는 곳이어서 고도가 높으며, 북쪽은 남쪽의 화구에서 흘러내린 용암이 만든 낮고 평평한 용암 대지이기 때문이다.

　설문대할망[5]이 싸는 오줌발에 성산포 땅이 뜯겨 나가 소섬(우도)이 되었다고 하는 전설이 전해진다.

　우도8경은 주간명월, 야항어범, 천진관산, 지두청사, 전포망도, 후해석벽, 동안경굴, 서빈백사이다.

〈유람선에서 본 우도〉

---

5)　제주올레19코스 설문대할망 이야기 참조

　　　　　　　　　　　　　올레꾼이 쓴 제주올레길

소머리오름 우도봉

이 봉은 서귀포시 우도면에 위치하며, 높이는 해발 132.5m에 달한다.

성산포 앞바다에 길게 가로누운 소섬을 떠 있는 평야라고 하는데, 섬 전체가 펑퍼짐하고 초지와 밭이 펼쳐져 있어 말 그대로 해상의 평야이다.

분화구 안의 봉긋한 알오름은 이중화산으로, 수중화산분출이 끝난 후 지속적인 화산폭발로 분출한 화산쇄설물들이 화구 안에 쌓여 만들어졌다.

오름 남동쪽은 제주에서도 가장 거칠고 날카로운 해안단애가 100m 넘게 절벽 지대를 따라 바다로 내리지른다. 굼부리의 동북쪽 검멀레 해변에는 검벌레굴 또는 고래굴이 있는데 동굴음악회가 열릴 정도로 내부가 넓다.

〈말미오름에서 본 우도봉〉

액운을 막아 주는 방사탑

　　마을 어느 한 방위에 불길한 징조가 비치거나 풍수지리설에
따라 기운이 허하다고 믿는 곳에 액운을 막으려고 세운다. 마을의 안
녕, 해상의 안전, 아이 출산이나 보호 등의 의미를 가지고 있다.
　　하고수동, 상고수동에 위치한 방사탑[6]은 단순히 기가 허한 곳에 세
웠다기보다는 경계를 뜻하는 의미도 가지고 있어서 특이하다.

〈방사탑〉

---

6)　　제주올레12코스 방사탑 이야기 참조

올레꾼이 쓴 제주올레길

Tip 2. 우도8경 서빈백사(西彬白沙)

서빈백사의 모래는 패사가 아닌 홍조단괴이며, 홍조단괴는 홍조류가 단단한 덩어리 형태(단괴)로 성장한 것으로 길이가 2.5cm이면 100년 정도 성장한 것이다. 살아 있을 때는 조직 내 색소 때문에 붉은색을 띠지만 죽으면 유기물이 분해되어 백색으로 변한다.

홍조류는 세포내 혹은 세포벽 사이에 탄산염 광물인 방해석을 침전시키며 자라는 해조류로 핵을 중심으로 성장하면서 조류성 파도에 의해 구르거나 뒤집혀 동심원상으로 자라 홍조단괴로 발달한다.

얕은 바다에 파랑이나 조류, 혹은 태풍에 의해 퇴적물이 많이 이동하는 경우, 작은 모래 알갱이의 표면에 이 홍조류가 덮으면서 성장할 수 있고, 이 모래 알갱이가 계속 구르면서 홍조류가 그 위에 성장하기 때문에 오랜 시간이 지나면 구형의 형태를 띠는 홍조단괴가 성장하게 되는 것이다.

〈산호해변〉

〈산호해수욕장〉

〈검멀레해변〉

올레꾼이 쓴 제주올레길

제주올레2코스

〈광치기해변-온평포구〉
(15.6km)

광치기해변 간세를 출발하여 식산봉을 오른 다음 황근 군락지를 지나서 고성리를 걸어 대수산봉을 올라 성산일출봉과 섭지코지의 아름다움에 탄성을 지른 후, 풀 냄새가 물씬 풍기는 농로를 따라 혼인지와 온평환해장성을 거쳐서 온평리 간세에 도착한다.

〈대수산봉에서 본 우도와 성산일출봉〉

광야 같다는 광치기해변

광치기해변은 썰물 때면 드넓은 평야와 같은 암반 지대가 펼쳐지며, 그 모습이 광야 같다고 하여 광치기라는 이름이 붙었다. 검고 흰 모래가 섞여 있어 바다 물결에 따라 독특한 색과 무늬를 보여주며 특히 다른 곳에서 보기 힘든 이끼 낀 너럭바위들이 밀물과 썰물의 높이에 따라 전혀 다른 신비로운 풍경을 드러낸다.

또한 테우라는 뗏목을 타고 고기 잡던 시절에는 제주의 거친 바다에서 어부들이 희생되는 경우가 많았다. 광치기해변에는 해류를 따라 어부들의 시신이 자주 밀려왔다고 한다. 해변으로 밀려온 시신을 마을 사람들이 관을 가지고 와서 수습하던 곳이라 하여 관치기해변이었던 게 제주도의 강한 억양 탓에 광치기해변이 되었다고도 한다.

〈광치기해변〉

Tip 3. 육계사주(광치기해변) 이야기

화산이 폭발한 후 일출봉에 쌓여 있던 화산재와 화산력들이 파랑의 침식으로 깎여 떨어져서 '연안류'라 부르는 해류에 의해 3,000년 전부터 일출봉에서 육지 쪽으로 이동하면서 조금씩 높이를 높이면서 퇴적물이 육지에 다다라 사주(모래 기둥)를 형성하였다. 더 이상 섬이 아닌 육지와 연결된 땅이다.

육지와 연결된 섬을 '육계도'라고 하고, 섬과 육지를 연결한 모래 지형을 '육계사주'라고 한다. 일출봉과 육지를 연결하는 육계사주가 형성된 시기는 대략 700~800년 전쯤이다.

일출봉은 육계도이고, 광치기해변은 육계사주이다. 시간이 지나면서 육계사주의 고도가 높아져서 일출봉과 연결되었고, 1940년 광치기해변에 도로가 생기면서 일출봉은 육지와 완벽하게 연결되어, 밀물과 썰물에 따라 생겼다 없어지는 자연의 길은 사라지고 말았다.

〈육계사주〉

바위투성이 식산봉〔食山峰〕

 이 오름은 서귀포시 성산읍 오조리에 위치하고 있으며, 높이는 해발 40m, 비고 40m에 달하고 있다.

 식산봉은 오름 전체가 바위투성이여서 바우오름 또는 바오름으로 불리며 원래 왕바위가 많이 드러난 봉우리였다. 온통 숲으로 덮인 지금의 외관으로는 바위 하나 보이지 않는다.

 식산봉(食山峰)이라고 부르게 된 데에는 고려시대와 조선시대 내내 소섬(우도)과 오조리 바다에 왜구 침범이 잦았는데, 당시 오조리 해안 일대를 지키던 조방장(助防將)의 지략으로 마을 사람들을 동원하여 오름 전체를 이엉으로 덮어 군량미가 산더미로 쌓인 것처럼 보이게 꾸민 것을 멀리서 본 왜구들이 병사도 그만큼 많을 것이라고 지레 겁을 먹고 달아났다는 이야기에서 유래한다.

 길목에는 희귀식물인 우리나라 최대의 황근 자생지가 있다. 노랑무궁화로 불리는 황근꽃은 주로 해변에서 볼 수 있으며 7월에 절정을 이룬다.

〈식산봉과 노란 무궁화(황근꽃)〉

용천수 족지물

용천수란 대수층을 따라 흐르는 지하수가 암석이나 지층의
틈을 통해 지표면으로 솟아나는 곳을 의미하며, 대부분 용암류의 말
단부나 지질 경계부, 하천의 절벽이나 벼랑, 요철 지형의 오목지, 오
름 기슭 등에 위치한다. 이는 중력의 지배를 받으며 유동하던 지하수
가 갑작스러운 지형 변화로 지하수면이 지표에 노출됨으로써 생겨나
는 현상이다.

족지물 위쪽에는 여자탕, 아래쪽에는 남자탕이 있어 따로 사용하
였으며 맨 위쪽은 채소를 씻기도 하고 음용수로도 사용하였다. 주민
들의 생활과 밀접한 관계를 갖고 있어 주변에 조성된 동네이름도 족
지동네이다. 예전과 같이 이용이 많진 않지만 여름철 피서지로 지역
주민 및 올레꾼들에게 쉼터를 제공한다.

〈족지물〉

물이 솟아나 못을 이룬 대수산봉(大水山烽)

이 오름은 서귀포시 성산읍 수산리에 위치하고 있으며, 높이는 해발 137.3m, 비고 97m에 달한다.

옛날 이 오름에서 물이 솟아나 못을 이뤘다고 해서 물메로 불리다가 동쪽에 이웃한 족은물뫼(小水山峰)와 구별하여 큰물메(큰물뫼)라고 부르게 되었다. 샘물이 솟아 못이 있었지만, 송나라의 고종달이가 수맥의 기운을 눌러 버리고 갔을 때 이 오름의 수맥도 끊어져서 샘이 마르고 물도 그쳐 버렸다고 전해진다.

대수산봉은 무엇보다도 제주에서의 본격적인 목마장(牧馬場) 발상지로 기억되어야 할 역사의 현장이다.

여몽 연합군에 의해 삼별초의 난[7]이 평정된 후 섬을 점령, 지배하기 시작한 원나라의 마정(馬政)에 의해, 1276년 몽고 말 160마리를 수산평에 풀어 놓고 목양하기 시작한 것이 그 시초로 목마장 규모가 커짐에 따라 성산읍 수산리에 동아막(東阿幕),[8] 한경면 고산리에 서아막(西阿幕)을 두어 목마를 관리 감독하게 하였다.

예전에는 이름난 방목지였던 초지였지만 지금은 소나무, 삼나무 등이 빽빽이 들어차 있다. 정상부에서는 성산일출봉과 광치기해변, 오조포구 일대가 훤하고 그 너머로 길게 누운 우도도 손에 잡힐 듯 조망된다. 섭지코지는 더 가까우며 그 사이로 성산읍 일대가 그림처럼 펼쳐진다.

---

7) 제주올레16코스 삼별초의 난이란? 참조
8) '아막'은 몽골의 행정구역 명칭으로 한국 행정구역의 '도'에 해당한다.

조선시대에 세워진 이곳 수산봉수는 남서쪽의 독자봉수, 북동쪽의 성산봉수와 교신했으며, 불을 피웠던 주변에 흙으로 만든 2중의 둑이 있다. 둑과 둑 사이의 고랑은 불이 번지는 것을 방지하기 위해 물을 채워 넣던 시설이다.

〈대수산봉〉

〈대수산봉에서 본 섭지코지〉

올레꾼이 쓴 제주올레길

삼신인이 혼인한 혼인지

　　온평리 바닷가로 떠밀려온 나무상자 속에서 세 공주가 이 연못에서 목욕 재개를 하고 삼신인과 혼인하였다.

　삼성신화[9]에 의하면 탐라의 시조인 고·양·부 삼신인(三神人)이 연혼포에 상륙한 세 공주를 각각 아내로 맞아 혼례를 올린 곳으로 여을온 또는 열누니라고도 한다.

　혼인지에서 약 30m 지점에는 혼례를 올린 삼신인이 첫날밤을 보낸 신방굴이 있다. 들어가기조차 힘들 정도로 낮고 좁은 동굴 입구에 들어서면 세 방향으로 가지굴이 나뉘어져 있는데 삼신인이 각각 신혼방을 꾸몄다고 전해진다.

　이때까지 탐라인들은 수렵 생활을 하여 가죽옷을 입고 살았는데, 나무상자에서 나온 송아지와 망아지를 기르고 오곡의 씨를 뿌려 이때부터 농경 생활이 시작되었다고 전해진다.

〈혼인지〉

〈신방굴〉

---

9)　제주올레2코스 삼성(三姓)신화 이야기 참조

탐라의 만리장성 (온평)환해장성

　　환해장성[10]은 제주도에서만 볼 수 있는 독특한 해안 방어 시설로 고려에서 조선까지 600여 년의 역사를 간직하고 있다.

　삼별초를 막으려고 고려군이 쌓았던 돌담, 이어서 고려군을 막으려고 삼별초가 더 견고하게 쌓아 올린 돌담 성벽인 환해장성이 세월이 지난 후에는 일본 왜구들을 막아 주는 방패막이가 되었다.

　제주 해안에는 모두 28개의 환해장성이 남아 있었지만, 이들 중 상태가 양호한 열 군데만 지방문화재로 관리되고 있다.

　김상헌의『남사록』에는 '바닷가 일대에는 석성을 쌓았는데 길게 이어져 끊어지지 않았다. 온 섬을 돌아가며 곳곳이 모두 그렇게 되어 있는데, 이것을 탐라 때 쌓은 만리장성이라고 한다'고 되어 있다.

〈(온평)환해장성〉

10)　제주올레10코스 제주도의 방어 유적 참조

Tip 4. 삼성(三姓)신화 이야기

사람이 살지 않던 아주 아득한 옛날 하늘이 열리고 땅이 만물을 낳아 세상을 창조하던 태곳적에 한라산 북녘 기슭 모흥혈(毛興穴)에서 고(高). 양(良, 후에 梁), 부(夫) 삼신인이 솟아났다. 이들은 고을나(高乙那), 양을나(良乙那), 부을나(夫乙那)로 용모가 의젓하고 기품과 도량이 넉넉하고 활발한 청년인데 황량한 들판에서 수렵을 하며 가죽옷을 입고 고기를 먹으며 살아가고 있었다. 하지만 배필(配匹)이 없어 나라를 세우지 못하였다.

어느 날 한라산에 올라 사냥을 하다가 멀리 동쪽 바다를 보니 영롱한 구름이 호위하듯 하늘에 서리고 하얀 파도 위에 자색 나무 상자 세 개가 떠오고 있었다. 그들은 한달음에 달려 해안에 다다라 그 상자들을 건져서 열어보니 그 안에는 푸른 옷을 입은 세 명의 처녀와 송아지, 망아지, 오곡 종자와 붉은 띠와 자주색 옷을 입은 사신 한 사람이 있었다.

"나는 동해 벽랑국(壁浪國: 또는 일본국)의 사신인데 우리나라 왕께서 저 대양한 가운데 큰 산이 있는 섬이 하나 있는데, 신(神)의 아들 삼 형제가 내려와서 나라를 이룩하고자 하나 배필(配匹)이 없다고 하면서 여기 세 공주들을 모시고 가서 세 신인께 인계하라 하여 이곳에 왔습니다. 부디 세 공주님들을 배필로 삼고 나라를 이룩하기를 바랍니다." 하고 사신이 말을 마치자마자 홀연히 구름을 타고 사라졌다.

바닷가에서 떠밀려온 나무상자 속의 세 공주는 혼인지에서 목욕 재개를 하고 삼신인과 혼례를 올리고 신방굴에서 첫날밤을 보낸다. 신방굴은 들어가기조차 힘들 정도로 낮고 좁으며, 동굴 입구에 들어서면 세 방향으로 가지굴이 나뉘어져 있는데 삼신인이 각각 신혼방을 꾸몄다고 전해진다.

벽랑국 세 공주가 오곡 씨와 각종 가축을 가지고 상륙한 곳이 '황노알'이며, 썰물 때에 사람과 말 발자국이 나란히 찍힌 암반이 보이며, 바로 그 옆에는 세 공주가 목욕했다는 '선녀탕'이 있다. 삼신인과 세 공주가 혼인을 한 연못은 '혼인지'(婚姻地)라 부르며 정안수를 떴던 샘물은 '산물통'(지금껏 마른 적이 없는 샘물로 살아 있는 물자리란 뜻)이라 부르며, 신방을 차렸던 세 갈래 동굴집(cave-house) 자리를 '신방굴'이라 부른다.

삼신인이 활을 쏘아 제주 섬을 셋으로 나눠 각자의 영토를 정하였는데 일도리, 이도리, 삼도리라 칭하였다. 그들이 영토를 분할할 때 활을 쏴 살촉이 박혔던 돌은 아직도 제주시 삼양동에 비석을 세워 보관하고 있다. 또한 세 공주 일행과 같이 왔던 거북이는 아직도 이곳에서 돌이 되어 온평리를 지켜 주고 있다.

제주올레3A코스

〈온평포구-표선해수욕장〉
(20.9km)

온평리 간세를 출발하여 A, B코스 갈림길에서 중산간 지역으로 방향을 바꿔 통오름과 독자봉을 오른 다음, 풀 냄새가 물씬 풍기는 농로를 걷고 김영갑갤러리와 바닷바람이 시원한 해안길을 걷고 천미포를 지나서 표선해수욕장 안내소에 도착한다.

〈표선해수욕장〉

연혼리로 불리는 온평마을

온화하고 평화롭다 하여 온평리라 불리며, 마을 중심에는 100년이 넘게 두 그루 나무가 딱 붙어 살아온 백년해로 나무가 있어, 마을에서 묵어가는 이들은 무병장수하고 득남한다는 말이 전해져 온다. 또한 예전 온평리의 마을 이름이 삼성신화[11]에서 유래하여 연혼리라 하였다.

배를 타고 바다에서 우리 마을을 바라보면 여자의 음부처럼 생겼다 하여 나팔 동산이라 부르는 곳이 마을 중심에 보인다. 풍수지리학에선 여자의 음부처럼 생긴 곳을 명당자리로 꼽는다고 한다.

〈온평포구〉

11) 제주올레2코스 삼성(三姓)신화 이야기 참조

옛 등대 (온평)도대불

　　온평포구에는 제주의 옛 등대인 도대불이 서 있다. 조업 중
인 어선들이 밤에 그 불빛을 보고 포구를 찾아올 수 있게 위치를 알리
는 도대불은 해 질 녘 바다로 나가던 어부가 켰다가 아침에 들어오는
어부가 껐다. 1970년대 전기가 보급되면서 이제 등대의 기능은 상실
한 채 올레길을 알리는 이정표가 되었다. 도댓불 또는 등명대로도 불
린다.

〈(온평)도대불〉

올레꾼이 쓴 제주올레길

5개의 봉우리가 있는 통오름

이 오름은 서귀포시 성산읍 신산리에 위치하고 있으며, 높이는 해발 143.1m, 비고 43m에 달한다.

다섯 개의 봉우리가 화구를 에워싸면서 말이나 소를 위한 물통을 닮아서 통오름이라 부른다. 둘레가 둥글 나직하고 가운데에 굼부리가 우묵하게 패어 있는 것이다. 전설에는 오랜 기간 옛날 섬의 산야가 물에 잠겼을 때 매오름(표선면)은 꼭대기가 매의 머리만큼 물 위에 남았고, 본지오름(성산읍)은 본지낭(노박덩굴) 뿌리만큼, 통오름은 통(담배통)만큼 남았더라는 이야기가 전해 온다.

경사가 완만하고 나지막한 5개의 봉우리가 에워싼 굼부리는 환형(環形) 화구인 듯이 보이나 북서쪽이 트여 있다. 북쪽에는 삼나무가 반듯반듯 줄 서 있다.

이 분화구는 환형이라기엔 떨어져 나간 흠이 있고, 말발굽형이라기에는 너무나 환형에 가까워 아마도 처음에는 환형이었으리라 생각된다.

〈통오름〉

외로워 보인다는 독자봉(獨子烽)

이 오름은 서귀포시 성산읍 신산리에 위치하고 있으며, 높이는 해발 159.3m, 비고 79m에 달한다.

오름이 홀로 우뚝 솟은 모양이 외로워 보인다는 데서 독자봉(獨子烽)이라 부른다지만 이웃에 통오름이 자락을 잇대고 있어 현실감으로는 외로운 산이라는 느낌은 들지 않는다. 일명 독산(獨山)이라고도 했다.

북쪽의 통오름이 누운 모습이라면 독자봉은 앉은 자세로 길 하나를 사이에 두고 의좋게 이웃해 있다. 사면에 듬성듬성 소나무와 삼나무가 섰을 뿐 전체적으로 부드러운 풀밭이며 굼부리 안에는 빽빽하게 숲이 우거져 있다.

마을 사람들은 조선시대에 봉수대가 있었기 때문에 보통 독자망(獨子望) 또는 망오름이라 부르고 있다. 독자봉수는 서쪽으로 남산봉수, 북동쪽으로 수산봉수와 교신하였으며, 불을 피웠던 봉수의 중심부에는 현재 산불감시초소가 세워져 있으며, 그 주변에 흙으로 만든 2중의 둑이 있다. 둑과 둑 사이의 고랑은 불이 번지는 것을 방지하기 위해 물을 채워 넣던 시설이다.

〈독자봉〉

김영갑갤러리 두모악

　　폐교였던 삼달초등학교(삼달분교)를 개조하여 만든 갤러리 두모악은 2002년 여름에 문을 열었다. 한라산의 옛 이름이기도 한 두모악에는 20여 년간 제주도민을 사진에 담아온 김영갑 선생님 작품들이 전시되어 있다.

〈김영갑갤러리 두모악〉

마을 공동 (신풍, 신천)바다목장

　　신풍리와 신천리 바닷가에 자리한 목장이다. 물빛 바다와
풀빛 초원이 어우러진 목장의 풍경은 제주에서만 볼 수 있는 특별함
이다. 예전에는 신천마장이라고 불리는 마을 공동 말 방목장이었고,
지금은 사유지로 소를 방목하여 키우는 곳이다.

　　또한 겨울철에는 감귤껍질 말리는 광경을 볼 수 있다. 푸른 초원은
금세 주황색의 들녘으로 바뀐다. 감귤껍질은 감귤주스를 만들고 남
은 껍질로 날씨에 따라 짧게는 사흘, 길게는 엿새까지 말린다.

〈(신풍, 신천)바다목장〉

올레꾼이 쓴 제주올레길

왜란이 있었던 천미포

　　1552년 5월 포르투갈인을 포함한 200여 명의 왜구가 천미포(성산읍 신천리와 표선면 하천리의 경계포구) 속칭 구진개(구신개)로 쳐들어와서 난동을 부린 사건을 천미포왜란이라 부른다.

　　당시 왜적들은 무기가 날카롭고 화총이 있어서 가까이 접근할 수가 없었음에도 천미촌 세 마을(상천, 하천, 신천)의 백성들과 관군이 힘을 합친 우리 군사들은 지세를 잘 이용하여 적의 총탄을 피하면서 이틀 동안 잘 싸워 적을 무찔렀고 당시 목사와 현감도 군사와 같이 야영을 하였다.

　　그러나 조정에서는 평상시 망을 엄중히 하지 않은 까닭으로 공적이 많았음에도 포상함이 없고, 오히려 책임을 물어 목사 김충렬(金忠烈)과 현감 김인(金仁)을 파직시키고, 천미촌에는 적을 두려워하지 아니하였다고 하여 삼 년간 세금을 줄여 주는 감시(減柴)의 은전이 있었다.

〈천미포〉

표선해수욕장

표선해수욕장은 크기가 25만㎡이며 백사장은 16만㎡에 달하고, 평균 수심은 1m로 어린이를 동반한 가족들이 즐겨 찾는 곳이다. 옛날부터 조개껍질이 오랜 세월 파도에 부서져서 모래가 가늘고 하얗다고 전해진다. 썰물 때는 커다란 원형 백사장이고 밀물 때에는 바닷물이 동그랗게 들어오면서 마치 호수처럼 보인다.

전설에 따르면 이 백사장은 원래 깊은 바다여서 파도가 일기 시작하면 순식간에 커다란 파도가 몰려와 마을을 덮치기 일쑤였다. 그러던 어느 날 설문대할망이 밤새 나무를 자르고 바위를 옮겨와 바다를 메웠고 그 후 세월이 흐르면서 모래들이 쌓여 백사장이 되었다고 한다. 사람들은 이 할망의 은혜를 기리기 위해 해수욕장 한쪽에 세명주할망당(설문대할망의 다른 이름)을 짓고 제를 지냈다.

평온하게만 보이는 표선백사장은 가슴 아픈 역사의 현장이기도 하다. 4·3 때 가시리와 토산리 등 중산간 지역에 살던 사람들은 마을을 비우라는 명령이 내려진 줄도 모른 채 밭일을 하며 남아 있었다. 이들을 군경 토벌대가 아무런 이유 없이 잡아 학살한 가슴 아픈 장소다.

올레꾼이 쓴 제주올레길

〈표선해수욕장〉

〈표선해수욕장〉

Tip 5. 김영갑 이야기

충남 부여에서 1957년에 태어난 김영갑은 제주인 그 이상으로 제주를 사랑한
사람이다. 그는 1982년부터 3년 동안 셋 살림하듯 제주와 서울을 오가며 사진
을 찍다 제주 섬만이 가진 신비스러움과 아름다움에 매혹되어 1985년 아예 제
주에 둥지를 튼다. 그 뒤 김영갑은 눈을 감을 때까지 오름과 바당을 오가며 노
인과 해녀, 들판과 구름, 오름과 억새 등 제주 섬의 속살을 카메라에 담는다. 섬
사람들은 카메라를 메고 오름을 이리저리 휘저어 다니는 말총머리 남자를 이
상하게 여기기도 했다. 그래서 김영갑은 어떤 때는 간첩으로 오인받아 경찰서
를 들락거려야 했고 또 어떤 때는 가수로 착각한 사람들로부터 사인을 해달라
는 요청을 받기도 했다.

그러나 불행히도 김영갑은 갤러리의 초석을 다질 무렵 셔터를 눌러야 할 손이
떨리고 이유 없이 허리에 통증이 오기 시작했다. 서울의 한 대학병원에서 루게
릭병이라는 청천벽력과도 같은 소리를 듣는다. 혀가 꼬여 말하기도 어렵고 서
있기도 힘들었다. 그러나 김영갑은 카메라를 메고 아무렇지도 않은 것처럼 오
름을 오르내렸지만, 카메라 들기가 버거워지자 두모악 갤러리에 칩거했다. 오
름들이 신비스러운 모습을 간직하던 어제가 그리웠지만, 이제는 영영 돌아갈
수 없는 시간이라고 체념하면서 투병 생활한 지 6년 차인 2005년에 눈을 감
는다.

올레꾼이 쓴 제주올레길

제주올레3B코스

온평마을
(온평)도대불
(신산)환해장성
(신풍, 신천)바다목장
천미포
표선해수욕장

〈온평포구-표선해수욕장〉
(14.6km)

온평리 간세를 출발하여 A, B코스 갈림길에서 해안길로 방향
을 바꿔 바닷바람이 시원한 해안길의 파도 소리를 즐기면서 바
다목장과 천미포를 지나서 표선해수욕장 안내소에 도착한다.

〈표선해수욕장〉

연혼리로 불리는 온평마을

온화하고 평화롭다 하여 온평리라 불리며, 마을 중심에는 100년이 넘게 두 그루 나무가 딱 붙어 살아온 백년해로 나무가 있어, 마을에서 묵어가는 이들은 무병장수하고 득남한다는 말이 전해져 온다. 또한 예전 온평리의 마을 이름이 삼성신화[12]에서 유래하여 연혼리라 하였다.

배를 타고 바다에서 우리 마을을 바라보면 여자의 음부처럼 생겼다 하여 나팔 동산이라 부르는 곳이 마을 중심에 보인다. 풍수지리학에선 여자의 음부처럼 생긴 곳을 명당자리로 꼽는다고 한다.

〈온평포구〉

12) 제주올레2코스 삼성(三姓)신화 이야기 참조

옛 등대 (온평)도대불

　　온평포구에는 제주의 옛 등대인 도대불이 서 있다. 조업 중
인 어선들이 밤에 그 불빛을 보고 포구를 찾아올 수 있게 위치를 알리
는 도대불은 해 질 녘 바다로 나가던 어부가 켰다가 아침에 들어오는
어부가 껐다. 1970년대 전기가 보급되면서 이제 등대의 기능은 상실
한 채 올레길을 알리는 이정표가 되었다. 도댓불 또는 등명대로도 불
린다.

〈(온평)도대불〉

탐라의 만리장성 (신산)환해장성

환해장성[13]은 제주도에서만 볼 수 있는 독특한 해안 방어 시설로 고려에서 조선까지 600여 년의 역사를 간직하고 있다.

삼별초를 막으려고 고려군이 쌓았던 돌담, 이어서 고려군을 막으려고 삼별초가 더 견고하게 쌓아 올린 돌담 성벽인 환해장성이 세월이 지난 후에는 일본 왜구들을 막아 주는 방패막이가 되었다.

제주 해안에는 모두 28개의 환해장성이 남아 있었지만, 이들 중 상태가 양호한다.

김상헌의 『남사록』에는 '바닷가 일대에는 석성을 쌓았는데 길게 이어져 끊어지지 않았다. 온 섬을 돌아가며 곳곳이 모두 그렇게 되어 있는데, 이것을 탐라 때 쌓은 만리장성이라고 한다'고 되어 있다.

〈(신산)환해장성〉

---

13) 제주올레10코스 제주도의 방어 유적 참조

마을 공동 (신풍, 신천)바다목장

신풍리와 신천리 바닷가에 자리한 목장이다. 물빛 바다와 풀빛 초원이 어우러진 목장의 풍경은 제주에서만 볼 수 있는 특별함이다. 예전에는 신천마장이라고 불리는 마을 공동 말 방목장이었고, 지금은 사유지로 소를 방목하여 키우는 곳이다.

또한 겨울철에는 감귤껍질 말리는 광경을 볼 수 있다. 푸른 초원은 금세 주황색의 들녘으로 바뀐다. 감귤껍질은 감귤주스를 만들고 남은 껍질로 날씨에 따라 짧게는 사흘, 길게는 엿새까지 말린다.

〈(신풍, 신천)바다목장〉

올레꾼이 쓴 제주올레길

왜란이 있었던 천미포

1552년 5월 포르투갈인을 포함한 200여 명의 왜구가 천미 포(성산읍 신천리와 표선면 하천리의 경계포구) 속칭 구진개(구신 개)로 쳐들어와서 난동을 부린 사건을 천미포왜란이라 부른다.

당시 왜적들은 무기가 날카롭고 화총이 있어서 가까이 접근할 수 가 없었음에도 천미촌 세 마을(상천, 하천, 신천)의 백성들과 관군이 힘을 합친 우리 군사들은 지세를 잘 이용하여 적의 총탄을 피하면서 이틀 동안 잘 싸워 적을 무찔렀고 당시 목사와 현감도 군사와 같이 야 영을 하였다.

그러나 조정에서는 평상시 망을 엄중히 하지 않은 까닭으로 공적 이 많았음에도 포상함이 없고, 오히려 책임을 물어 목사 김충렬(金忠 烈)과 현감 김인(金仁)을 파직시키고, 천미촌에는 적을 두려워하지 아니하였다고 하여 삼 년간 세금을 줄여 주는 감시(減柴)의 은전이 있었다.

〈천미포〉

표선해수욕장

　　표선해수욕장은 크기가 25만㎡이며 백사장은 16만㎡에 달하고, 평균 수심은 1m로 어린이를 동반한 가족들이 즐겨 찾는 곳이다. 옛날부터 조개껍질이 오랜 세월 파도에 부서져서 모래가 가늘고 하얗다고 전해진다. 썰물 때는 커다란 원형 백사장이고 밀물 때에는 바닷물이 동그랗게 들어오면서 마치 호수처럼 보인다.

　전설에 따르면 이 백사장은 원래 깊은 바다여서 파도가 일기 시작하면 순식간에 커다란 파도가 몰려와 마을을 덮치기 일쑤였다. 그러던 어느 날 설문대할망이 밤새 나무를 자르고 바위를 옮겨와 바다를 메웠고 그 후 세월이 흐르면서 모래들이 쌓여 백사장이 되었다고 한다. 사람들은 이 할망의 은혜를 기리기 위해 해수욕장 한쪽에 세명주할망당(설문대할망의 다른 이름)을 짓고 제를 지냈다.

　평온하게만 보이는 표선백사장은 가슴 아픈 역사의 현장이기도 하다. 4·3 때 가시리와 토산리 등 중산간 지역에 살던 사람들은 마을을 비우라는 명령이 내려진 줄도 모른 채 밭일을 하며 남아 있었다. 이들을 군경 토벌대가 아무런 이유 없이 잡아 학살한 가슴 아픈 장소다.

　　　　　　　　　　　　　　　　　　　올레꾼이 쓴 제주올레길

〈표선해수욕장〉

〈표선해수욕장〉

Tip 6. 해수욕장 이야기

제주도에 모래 해안이 잘 발달하지 않는 이유는 하천이 건천으로 많은 비가 올 때만 일시적으로 흐르기 때문에 하천이 암석을 침식하여 모래를 만들기가 어렵기 때문이다.

제주도의 금릉, 협재, 곽지, 함덕, 김녕, 표선해수욕장 등의 모래는 해저에 있는 조개나 고동 같은 연체동물, 홍조류, 성게 등이 죽고 나면 부드러운 부분은 없어지고 단단한 탄산염 조각만 남아서 해안에 쌓여 수천수만 년 동안 파랑과 태풍에 의해 깎이고 갈려서 만들어졌다. 이들은 얼른 보면 고운 모래 같지만, 실상은 조개껍질 즉 '패사'(모래 같은 조개)인 것이다.

〈해수욕장〉

올레꾼이 쓴 제주올레길

제주올레4코스

(표선상동)불턱

광명등

(태흥리)벌포연대

〈표선해수욕장-남원포구〉
(19.0km)

표선해수욕장 안내소를 출발하여 시원한 바닷바람과 파도 소리를 즐기면서 해안길을 걸은 후, 알토산 고팡을 거쳐 풀 냄새가 물씬 풍기는 농로와 바닷바람이 시원한 해안길을 걸어서 남원포구 안내소에 도착한다.

〈태흥리 해안〉

해녀들의 공동체 공간 (표선상동)불턱

불턱은 해녀들이 옷을 갈아입고 언 몸을 녹이고, 물질하다 아기에게 젖을 먹이는 해녀들의 공동체 공간이었고 마을과 가정의 대소사를 의논하기도 하였다. 불은 불씨, 덕은 불자리, 턱은 덕의 탁음으로, 불덕이 불턱이 되었다.

불턱은 바다로 들어갈 준비를 하는 곳이며 작업 중 휴식하는 장소이다. 이곳에서 애기 해녀가 첫 물질을 어른들에게 신고하며, 상군 해녀로부터 물질에 대한 지식, 물질 요령, 어장의 위치 파악 등 물질 작업에 대한 정보 및 기술을 전수하고 습득한다.

현대식 탈의실이 생기기 이전에 해녀들은 물질 갈 때 질구덕에 태왁과 망사리, 비창, 호멩이 등 물질 도구와 함께 불을 피울 '지들커'(땔감)를 가지고 갔다. 지들커를 많이 가지고 가면 어른 해녀들에게 착하다는 인사도 받고, 지들커가 시원치 않았을 때는 야단을 맞기도 하였다. 이 지들커는 바닷가에 설치된 불턱에서 물질을 한 후 언 몸을 녹일 때 사용한다.

〈(표선상동)불턱〉

Tip 7. 해녀 이야기

해녀에 대한 최초의 기록으로 『고려사』에 탐라군 관리자 윤응균이 '남녀 간의 나체 조업을 금한다.'는 금지령을 내렸다고 한다.

남자 나잠업자는 포작이라 해서 전복을 잡고, 여자 나잠업자는 잠녀라고 해서 미역 같은 해조류를 채취했다.

제주 남자들이 뱃일과 수군에 동원되고 또한 포작질을 하면서 많이 죽었고, 나라에선 공물로 전복을 바치라고 독촉하니까 포작을 대신하여 해녀들이 할 수 없이 전복을 따기 시작했다.

해녀는 기량의 숙달 정도에 따라 상군, 중군, 하군 계층이 있고, 상군 중에 덕성, 지혜, 포용력 등을 보고 해녀들이 뽑는 대상군이 있다.

〈비양도 앞바다에서 작업 중인 해녀들〉

옛 등대 광명등

　　포구에 들어오는 배를 위해 불을 밝혔던 제주의 옛 등대로 전기가 들어오면서 지금의 등대로 자리를 물려주었다. 옛날에는 광명등을 켜는 사람을 불칙이라 하였는데 마을에서는 포구 가까이에 사는 사람들 중 나이가 들고, 고기를 잡을 수 없는 사람을 선택하여 불칙이 역할을 맡겼다.

　　불칙이가 저녁 늦게까지 불을 켜면 그 대가로 어부들은 잡아 온 고기를 나누어 주었다. 1990년대 초반 해안도로 개설로 인하여 훼손되었다가, 2012년 복원되었다.

〈광명등〉

방어 유적 벌포연대

　　연대[14]는 사면이 바다인 제주도에만 있는 특이한 방어 유적
으로, 벌포연대는 폴개, 벌포리라고 불렸던 남원읍 태흥리에 있으며,
정의현(旌義縣)에 소속되어 별장(別將)과 봉군(烽軍)이 교대로 지켰
으며, 동쪽으로 소마로연대, 서쪽으로는 금포로연대와 교신했다.

〈벌포연대〉

14)　　제주올레10코스 제주도의 방어 유적 참조

　　　　　　　　　　　　　　　　올레꾼이 쓴 제주올레길

Tip 8. 토산리의 오해와 편견

토산은 웃토산과 알토산으로 나뉜다. 웃토산은 토산 윗마을이고 알토산은 토산 아랫마을이란 뜻이다. 토산은 당집으로 유명하며 뱀을 모시는 마을로 널리 알려졌다. 그렇다고 토산만 뱀을 숭배했던 것은 아니다. 제주에서 뱀신의 이름은 모든 가정마다 칠성신으로 안칠성과 밧칠성을 섬겼다. 안칠성은 고팡, 즉 식량창고의 신이고, 밧칠성은 주부만의 공간인 뒤뜰 신이다.

토산은 뱀 때문에 한동안 오해와 편견에서 시달려야 했다.

그중 하나가 토산 여자의 첫날밤 이야기다. 다른 마을로 멀리 시집간 토산 여자가 새신랑과 함께 첫날밤을 보내기 위해 집에서 가져온 이불을 펴자 그 안에 뱀 한 마리가 똬리를 틀고 앉아 기다리고 있었다는 이야기다. 그러나 이것은 TV 프로그램 「전설의 고향」이 재미를 더하기 위해 살을 보태 극화한 데서 비롯되었다. 그러나 지금은 아무리 눈 씻고 뱀을 찾아보려고 해도 찾아볼 수가 없다. 농약과 제초제가 보급되면서 뱀들이 사라져 버린 것이다.

전설에 의하면 토산 뱀은 원래 대정 강씨 댁에 있었다. 굿을 하는데 뱀이 나오니까 강씨 어른이 얼른 자루에 가둬 버렸다.

어느 날 토산에서 굿을 하는데 말미(무당의 입을 통해 전해지는 신령의 말)가 안 나온다고 하니, 대정 강 씨 어른이 뱀을 가둬서 옥살이를 한다는 말에 얼른 가서 가져오라고 한다. 강씨 어른이 뱀을 주면서 다시는 대정 땅에 발을 못 붙이게 하도록 다짐하면서 주었다. 토산에 돌아와서 뱀을 토산당에 모셔서 굿을 하니 말미가 나왔다고 한다. 그 후 대정 사람들은 뱀을 보면 '정의 귀신, 토산 귀신'이라고 하고 있다고 전해진다.

또한 해안가 알토산에는 토끼 모양의 산 토산봉(兎山烽: 망오름)이 있고, 토산리에는 토산당이 있다.

임진왜란 시절 왜구가 빨래하는 처녀 세 명을 습격, 겁탈하자 뜻밖에 몹쓸 일을 당한 처녀들은 그 자리에서 세상을 떠나버렸다. 마을 사람들이 이들의 영혼을 모시니 뱀으로 변신했다. 이후부터 토산 사신(蛇神)으로 부르고, 토산당을 사신제단(蛇神祭壇)으로 부른다. 이 뱀은 전남 나주 금성산에서 온 뱀의 신이라고 한다.

〈토산망 운해〉

올레꾼이 쓴 제주올레길

제주올레5코스

〈남원포구-쇠소깍다리〉
(13.4km)

남원포구 안내소를 출발하여 시원한 바닷바람과 파도 소리를
즐기면서 해안길을 걷고 큰엉산책로를 거쳐 동백나무 군락지
와 서연의 집을 지나 예촌망 능선을 거쳐 쇠소깍다리 간세에
도착한다.

〈남원리 해안〉

제주에서 가장 아름다운 큰엉산책로

　　큰엉산책로는 길이 1.5km의 해안가를 따라 높이 15~20m 에 이르는 기암 적벽들이 성곽처럼 둘러서 있는 곳 위에 낸 길이다. 산책로를 걸어 나가다 보면 중간쯤에 이름 그대로 큰 엉(바닷가나 절 벽 등에 뚫린 바위그늘을 뜻하는 제주어)이 모습을 드러낸다.

　　해안 절벽과 어우러진 짙은 바다의 먼 물빛은 무섭도록 짙지만, 숲 사이로 발아래 와 닿는 에메랄드빛 바다는 더 푸르고 속이 훤히 보 일 정도로 맑다. 시퍼런 바닷물이 서서히 밀려와 삐죽삐죽 솟아난 바 위를 때리며 하얗게 부서져 포말이 장관을 이룬다. 섬 안쪽으로 누운 나무들만이 거친 바람을 이야기한다. 큰엉산책로는 제주도에서 가장 아름다운 산책로로 꼽힌다. 큰엉의 뷰 포인트는 나무를 이용한 한반 도 지형 모양이다.

〈큰엉산책로〉

동백나무 군락지

담벼락처럼 동백나무가 둘려져 있다. 약 130년 전 현맹춘 할머니(1858~1933)가 맨손으로 심은 것이다. 할머니가 17세 때 이 마을로 시집와서 해초 캐기와 품팔이를 하며 어렵게 모은 돈 35냥으로 황무지를 사들이고 모진 바람을 막기 위해 방풍림으로 소낭(소나무)을 심었다. 그런데 어느 날 남편이 밭일을 하던 중 소나무 가시에 찔려 파상풍으로 고생하게 된다. 이를 옆에서 지켜보던 할머니는 소낭을 모두 뽑아내고, 그 자리에 한라산에서 유래한 우리나라 고유의 동백나무 씨앗 한 섬을 따다가 뿌렸다. 할머니를 버득(황무지)할망, 동백숲은 버득할망 돔박숲이라고 불리기도 한다.

옛날에는 지금보다 더 많은 동백나무가 둘려져 있어 도둑이 들어와도 대문을 통하지 않고서는 밖으로 나가지 못할 만큼 울창했었다. 동백나무 열매는 머릿기름이나 등잔불 기름 용도로 애

〈동백나무 군락지〉

용됐는가 하면 천식이나 독감에 걸린 사람에게 특효약으로 각광을 받기도 했다.

100년 전에 살았던 한 여인의 정성과 집념이 오늘날 이렇게 제주의 멋진 동백 명소 하나를 만들어 냈다. 다른 농장에 있는 외국에서 온 애기동백과는 다르다.

성스러운 장소였던 조배머들코지

　조배낭(구실잣밤나무)과 머들(돌동산)이 있는 코지(바닷가 쪽으로 튀어나와 있는 땅)란 뜻이다. 지금도 기암괴석군이 멋지지만 100여 년 전만 해도 70척이 넘는 비룡형(飛龍型), 문필봉형(文筆峯型) 등 기암괴석이 즐비해 마을의 번성과 인재의 출현을 기대하던 위미리 주민들에게는 성스러운 장소였다고 한다.

　전해 오는 이야기에 따르면 일제 강점기에 이를 시기한 일본의 한 풍수학자가 한라산의 정기를 끊기 위해서 마을 사람을 거짓으로 꾀어내 기암괴석을 파괴하게 했다. 그러자 거석 밑에서 용이 되어 곧 승천하려던 이무기가 피를 흘리며 죽었다고 한다. 이 일이 있었던 후 위미리에는 큰 인물이 나오지 않았다고 한다.

〈조배머들코지〉

마을 굿 하는 위미1리 본향당

　　본향당의 신은 마을공동체의 신이므로 마을 사람 전체의 생명과 건강, 사업 번창 등 모든 부분을 관장한다.

　본향당 신당의 형태는 신목형, 당집형, 굴형, 돌담형, 기타형 등 5가지로 나눌 수 있다. 위미1리의 신당은 신목형과 돌담형이 결합된 형태라고 볼 수 있는데, 본향당 앞에는 수령 350년 된 해송 신목이 자리 잡고 있고, 돌담으로 둘러싸인 본향당 안에는 친선과나무 2주가 자라고 있다.

　위미1리 본향당은 마을을 지켜 주고 어업을 관장하는 해신을 모신 당으로 마을 주민의 통합 기능을 부여하고 지역사회의 안녕과 평화를 염원하는 기도처로서 보존 전승되고 있는 소중한 문화유산이다.

〈위미1리 본향당〉

Tip 9. 본향당(本鄕堂)이란?

본향당이란 마을 수호신으로 제주 사람들, 특히 제주 여인네들에게 영혼의 동사무소라고 할 수 있다. 그리스로 치자면 마을마다 신전이 하나씩 서 있는 식이다.

제주 여인네들은 자기 삶에서 일어난 모든 것을 본향당에 와서 신고한다. 아기를 낳았다, 시어머니가 돌아가셨다, 사고가 났다, 돈을 벌었다, 농사를 망쳤다, 육지에 갔다 왔다, 자동차를 샀다, 우리 애 이번에 수능을 본다, 우리 남편 바람난 것 같다 등등 이런 모든 일들을 미주알고주알 신고하고 고해바친다. 일뤠당인 경우 7일, 17일, 27일 새벽에만 만날 수 있고, 앞사람이 먼저 할망하고 독대하고 있으면 기다렸다 들어간다.

제주 신의 중요한 특징은 신과 독대한다는 것이다. 제주의 신은 할망('할머니'의 제주어)이라고 하며, 어머니는 다소 엄격한 데가 있지만, 할망은 모든 것을 다 들어 주는 자애로움이 있다. 여성은 소문내지 않고 자기 얘기와 고민을 들어 줄 사람을 필요로 하는 심리가 있다. 답을 몰라서 그런 것이 아니고 그런 하소연을 함으로서 마음의 응어리를 푸는 것이다.

모든 자연과 싸우며 살아가는 제주인들에겐 이런 할망이 절대적으로 필요했던 것이다. 심신의 카운슬링 상대로 할망을 모시는 것이라고 생각하면 된다.

카운슬링비는 자기 능력껏 내면 되는데, 없으면 안 내도 되지만, 있는 사람이 조금만 내면 할망이 받아들이지도 않고 화를 낸다. 가장 없는 사람은 양초 한 개, 그다음 있는 사람은 술 한 병 그다음은 과일, 그리고 더 정성을 들이는 사람은 지전 한 타래를 나무에 건다. 그리고 넉넉한 사람은 할머니가 해 입을 물색천을 걸어 둔다.

흰 백지를 '소지'라고 한다. 아무것도 쓰여 있지 않은 하얀 한지다. 본향당에서 소원을 빌 때 이 소지를 가슴에 대고 한 시간이고 두 시간이고 빌고서 나뭇가지에 걸어두면, 그 모든 사연이 소지에 찍혀 할망이 다 읽어 본다고 한다. 사연이 많은 사람은 소지를 몇십 장 겹쳐서 가슴에 대고 빈다.

〈송당리 본향당〉

올레꾼이 쓴 제주올레길

영화 '건축학 개론' 서연의 집

영화 '건축학 개론'에서 승민은 '잔디 마당이 있는 이층집에 살고 싶다.'고 했던 15년 전 서연의 말을 잊지 않고 있다가 그대로 설계에 반영해 준다. 현재 서연의 집은 2012년 여름 태풍 볼라벤의 피해로 인해 2013년 봄 2층 전체를 리모델링해서 카페로 변신해 있다.

2층 베란다 싱그런 잔디 마당에 팔베개를 하고 누운 영화 속 둘의 모습은 시원한 바다를 배경으로 한 폭의 그림이었다. 사진 한가운데 쓰여 있는 둘 사이의 대화 한 구절은 이곳을 방문하는 누구에게나 같은 질문을 스스로에게 던질 것이다.

'나는 과연 십 년 뒤에 뭐 하고 있을까?'

〈서연의 집〉

고려시대 조공포인 망장포

　　서귀포시 남원읍 하례1리에 있는 포구로, 제주도에 남아 있는 포구 가운데 온전한 원형이 남아 있는 포구다. 고려 때는 하례2리 중산간 지역 목마장에서 키운 말이나 세금으로 거둬들인 물자를 이 포구를 통해 실어 나르는 조공포였다.

　　망장포(網張浦)는 그물 망(網)과 벌일 장(張)을 써서 망장(網張)이라고 하는데, 인근 예촌망 봉화대에서 봉화를 올렸다 해서 바랄 망(望)을 써서 망장(望張)이라고도 한다. 현재의 망장포는 복원된 모습이다.

〈망장포〉

여우를 닮은 예촌망(禮村望)

이 오름은 서귀포시 남원읍 하례리에 위치하고 있으며, 높이는 해발 67.5m에 달한다.

걸세오름을 끼고 도는 효돈천이 서귀포시와의 경계를 이루며 바다로 들어가는 하례리의 남단 바닷가에 위치한다.

하례리 일대를 말하던 예촌(禮村)을 옛날에는 여우와 닮았다고 호촌(狐村) 또는 호아현(狐兒縣)이라 했고, 오름 이름도 호촌봉(狐村峰)이라 했다. 여기에 봉수대가 있어서 호촌봉(弧村烽) 또는 호촌망(狐村望)이라고 하던 것이 마을 이름이 호촌에서 예촌으로 바뀌면서 예촌망(禮村望)이라 부르게 되었고, 지금은 오름 자체를 예촌망으로 칭한다. 예촌봉수는 북동쪽으로 자배봉수, 서쪽으로 삼매봉수와 교신했었다. 봉수터는 1960년대에 감귤밭이 생기면서 사라졌다.

〈예촌망〉

Tip 10. 신당 이야기

• 본향당

마을 공동체의 신을 모시는 성소로 마을굿이 이루어진다. 본향당 당신은 마을 사람 전체의 생명과 건강, 산업 번창 등 모든 부분을 관장한다.

• 일뤠당(7일당)

매월 7일, 17일, 27일에 제를 지내며, 어린애를 낳고 기르는 일 그리고 병을 고쳐 주는 일을 관장한다.

• 여드렛당(8일당)

매월 8일, 18일, 28일에 제를 지내며, 가장 큰 특징으로 뱀을 숭배한다는 점이다. 뱀신은 재부를 관장하여 잘 모시면 부를 주지만 잘못하면 해를 입히기도 한다. 어머니에게서 딸에게로 신앙이 이어지는 여성 계승성을 가지고 있으며, 육아, 치병뿐만 아니라 가정의 안녕까지 기원한다.

• 해신당

해촌 마을에 있으며, 포구 전체 수호신인 '개당(浦堂)', 배를 매는 선창에 모시는 '돈지당'이 있으며, 어부와 해녀의 해상 안전과 풍요를 관장한다.

• 산신당

중산간 지역에 있으며, 수렵과 목축을 하는 이들에게 안전을 기원한다.

제주올레6코스

⟨쇠소깍다리-제주올레여행자센터⟩
(11.0km)

쇠소깍다리 간세를 출발하여 제지기오름을 올라 섶섬과 문섬의 아름다운 모습에 탄성을 지른 후, 소천지와 소정방폭포를 거쳐 (구)소라의 성을 지나고 정방폭포와 이중섭 거리를 거쳐서 제주올레여행자센터 안내소에 도착한다.

⟨제지기오름에서 섶섬과 문섬⟩

용이 살고 있다고 전해지는 쇠소깍

쇠소깍은 한라산 백록담에서 발원해 돈내코 계곡을 지나 효돈천 하류에 이른 민물이 바다로 스며드는 길목 끝에서 분출한 물이 바다와 만나 웅덩이를 만들었다.

쇠소깍의 '쇠'는 효돈의 옛 이름 쉐둔, 쉐돈 혹은 소에서 연유하고, '소(沼)'는 물웅덩이를 뜻하며, '깍'은 끝 지점을 이야기하는 제주어로 물이 고인 웅덩이의 끝자락을 의미한다. 용이 살고 있다고 전해지면서 일명 용소라고도 한다. 원래는 소가 누워 있는 모양이라고 해서 쇠둔이라 불렸다.

민물과 바닷물이 만나 만들어 낸 쇠소깍의 깊은 물에는 손으로 줄을 당겨 이동하는 세상에서 가장 느린 교통수단인 테우와 2인이 함께 타는 전통 조각배가 떠다닌다.

〈쇠소깍〉

철새들이 쉬는 생이돌

　　게우지코지 바로 옆 서쪽에 있는 커다란 두 개의 암석으로 바다 철새들이 쉬는 곳이라 하여 생이돌이라고 불렀으며, 생이는 새의 제주어. 또한 이 바위는 먼바다로 고기잡이 떠난 아버지를 기다리는 어머니와 아들 즉 모자바위라고도 불린다.

〈생이돌〉

　　　　　　　　　　　　　　올레꾼이 쓴 제주올레길

절이 있었던 제지기오름

이 오름은 서귀포시 보목동에 위치하고 있으며, 높이는 해발 94.8m, 비고 85m에 달한다.

옛날 절이 있었던 데서 절오름, 일명 제지기오름 또는 제제기오름이라고도 한다. 제지기(제제기)가 무슨 뜻인지는 분명하지 않으나, 절(窟寺)이 있고 이를 지키는 절지기가 1970년대까지도 살고 있었으므로 절지기오름이라고 불리던 것이 차차 제지기오름, 제제기오름으로 와전된 것이라고 풀이돼 있다.

남사면은 매우 가파르고 숲에 덮인 외관으로는 나타나지 않지만, 안에 들면 곳곳에 우뚝우뚝 바위가 서 있다. 정상부만이 나무가 없어 둥그렇게 벗겨졌고 억새며 잡풀이 무성하다.

북사면은 가파르게 솟아오른 남사면과 달리 비교적 완만한 등성이가 두 가닥으로 뻗어 내리고 있다.

절터 아래 바다에 접한 곳에 길게 돌담을 쌓은 건물 한 채가 눈길을 끈다. 한때 대한민국의 안방을 웃음바다로 만들었던 코미디언 고(故) 이주일 씨가 지은 별장이다. 그가 떠난 뒤 한 카페가 오래 영업했는데 지금은 간판이 사라졌다.

〈제지기오름〉

〈제지기오름 카페〉

올레꾼이 쓴 제주올레길

석양 찍는 사진 명소 구두미포구

거북이 머리와 꼬리를 닮은 바위가 있어 구두미포구라고 하고, 소형 보트들만 정박하는 작은 포구로 섶섬이 가까이 있어 석양을 찍을 수 있는 사진 명소로 유명하다.

〈구두미포구〉

백두산 천지를 닮은 소천지

　　백두산 천지를 축소해 놓은 모습과 비슷하여 소천지라 이름 붙여진 곳으로, 날씨가 맑고 바람이 없는 날에는 소천지에 투영된 한라산의 모습을 촬영할 수 있는 곳이다.

〈소천지〉

올레꾼이 쓴 제주올레길

탐라의 만리장성 (토평)환해장성

환해장성[15]은 제주도에서만 볼 수 있는 독특한 해안 방어 시설로 고려에서 조선까지 600여 년의 역사를 간직하고 있다.

삼별초를 막으려고 고려군이 쌓았던 돌담, 이어서 고려군을 막으려고 삼별초가 더 견고하게 쌓아 올린 돌담 성벽인 환해장성이 세월이 지난 후에는 일본 왜구들을 막아 주는 방패막이가 되었다.

제주 해안에는 모두 28개의 환해장성이 남아 있었지만, 이들 중 상태가 양호한 열 군데만 지방문화재로 관리되고 있다.

김상헌의 『남사록』에는 '바닷가 일대에는 석성을 쌓았는데 길게 이어져 끊어지지 않았다. 온 섬을 돌아가며 곳곳이 모두 그렇게 되어 있는데, 이것을 탐라 때 쌓은 만리장성이라고 한다'고 되어 있다.

〈(토평)환해장성〉

---

15) 제주올레10코스 제주도의 방어 유적 참조

작은 무족시 소정방폭포

    정방폭포를 축소한 모양의 폭포라는 의미에서 유래했고, 여름철 백중날 물맞이 장소로 활용되며, 매우 차가운 용천수의 폭포와 함께 해식 동굴 해안이 아름다운 곳이다.

    작은 무족시라고도 불리는 소정방폭포는 정방폭포에서 동쪽으로 약 300m 떨어진 해안에 위치하고 있으며, 폭포 높이는 7m 내외이다.

    정방폭포처럼 물이 바다로 바로 떨어지는 폭포로, 용암 분출 시 발달한 수직 절리로 물이 떨어지면서 폭포가 형성된 것이다. 즉 조면암질에 잘 발달하는 주상 절리로 인한 수직형 폭포이다. 폭포 주변에는 해수의 지속적인 침식 작용으로 형성된 해식 동굴이 발달되어 있고, 하부를 구성하는 암석은 현무암질 조면안산암이다.

〈소정방폭포〉

제주올레 사무국이 있었던 (구)소라의 성

1969년에 건축한 지상 2층, 연면적 234.05㎡인 (구)소라의 성은 단순하면서도 곡선이 갖는 아름다운 미적 요소가 돋보이는 소규모 건축물로, 초창기 제주올레 사무국이 있었다.

건축물의 입면 1층은 개방적이면서도 2층 부분은 다소 폐쇄적으로 입면 처리를 하고 있고 매스를 2분절하여 검은색의 제주석과 대비되는 재질을 사용하였으며, 곡선 중심의 선적 요소를 적용하는 등 수평적, 수직적 교차 처리함으로써 강한 입면의 장식적 요소로 처리한 것이 특징이다.

그리고 곡선과 직선 요소에 의해 4면이 각각 다른 표정을 갖고 있는 독특한 형태의 건축은 급한 경사 절벽과 완만한 해안선으로 구성되어 있는 제주 해안의 장소적 특성에 거슬리지 않게 자리 잡고 있다. 각각 다른 표정의 입면 형식 못지않게 바다와 해안, 숲 등의 자연 풍광이 아름다워 건축물을 더욱 멋들어지게 느끼게 한다.

〈(구)소라의 성〉

4·3 유적 산남지역 최대 학살터 정방폭포

정방폭포는 폭포수가 수직 절벽에서 곧바로 바다로 떨어지는 동양 유일의 폭포이다. 높이 23m, 너비 8m로 폭포 아래 수심 5m의 못이 바다로 이어진다. 영주10경의 하나인 정방하폭(正房夏瀑)은 여름철 서귀포 바다에서 배를 타고 바라보는 폭포수 경치가 아름답다고 하여 붙인 것이다. 폭포의 수원은 정모시(正毛淵)라는 못이며, 폭포수가 떨어지는 못에서 북과 장구를 두드리면 거북이들이 물 위로 올라와 장단에 맞춰 춤을 추었다고 전해진다.

병풍처럼 둘러쳐진 거대 주상절리 절벽으로 두 갈래 물줄기가 거세게 내리꽂는다. 벼락 치듯 폭포수 포말이 비산되면서 뿌연 물안개를 자아낸다. 감탄사를 연발하며 웃고 즐기다 떠나는 관광객들은 이곳에 숨겨진 반세기 전의 아픈 역사를 알 턱이 없다. 하얗게 이는 물보라들이 한때는 수시로 붉은 핏빛으로 물들었던 적이 있었던 것이다.

〈정방폭포 상단〉

4·3 당시 정방폭포는 산남 지역 최대 학살터로 악명이 높았다. 정부군은 한라산 일대에서 포로로 잡아 온 무장대와 민간인을 이곳 절벽과 폭포에 묶어 두고 사격, 검술 훈련을 실시했다. 살인을 훈련하는 과정이었다. 수십 명을 밧줄로 묶어 폭포 앞에 세운 뒤 맨 앞사람을 쏘아 떨어뜨렸다. 그러면 떨어지는 앞 사람에 이끌려 밧줄과 함께 묶인 이들 모두 한꺼번에 폭포 아래로 빠져 죽었다. 총알을 아낀다는 방편이었다. 곳곳에서 잡혀 온 양민들은 이곳 폭포 주변에서 수시로 처형되었고, 특히 폭포 바로 옆 소낭머리에서는 한라산 깊은 곳 볼레오름까지 피해 갔던 무등이왓 사람 20여 명을 포함하여 한꺼번에 86명이 처형당했는데, 한 살배기부터 70대 노인까지 그들은 그렇게 죽어 갔다.

〈정방폭포〉

가파도 출신 항일 운동가 이도백 가옥

가파도 출신 이도백은 일제 강점기 후반에 서귀포로 이주하여 정미 공장 등을 운영하며 사업가로 활동한 항일운동가였다. 해방 직후에는 서귀면인민위원회 위원장, 남로당 서귀면위원회 당책 등을 지내면서 1947년 3·1절 서귀면 기념집회와 총파업 등을 주도했다는 이유로 벌금 2만 원을 선고받았다.

1948년 11월 15일부터 경찰에 발각되어 체포될 때까지 7년 동안 비밀토굴에서 은둔생활을 하며 목숨을 건졌지만, 가족들은 총살당했다. 수형 생활을 끝내고 귀향한 뒤 일본으로 건너가 여생을 마쳤다.

이도백 가옥은 정미소 공장과 2층 일식 돌집, 한옥 등 3채였던 집을 서귀포 주민들은 백만환 집으로 불렀다. 2층 일식 돌집의 형체는 아직도 그대로 남아 있다.

〈이도백 가옥〉

올레꾼이 쓴 제주올레길

서귀포 방어 유적 서귀진지

진성은 외적의 침입을 방어하기 위해 해안이나 내륙 지역에 쌓은 성곽으로, 서귀진(西歸鎭)은 조선시대 제주 방어시설인 3성 9진 가운데 서귀포 지역의 방어를 담당하던 유적이다. 1439년 목사 한승순(韓承舜)이 잦은 왜구의 침략에 대비코자 천지연 상류 홍로천 위에 성을 쌓았고, 1590년 목사 이옥이 바다 가까운 곳인 현재의 장소로 옮겨 세웠다. 『탐라지 초본(耽羅誌草本)』(1842년)을 보면 정방연(正房淵)에서 이곳까지 수로를 파서 물을 끌어들여 저장하였고, 남은 물은 주변에서 논농사를 짓도록 하였다.

푸른 절벽이 깎아지른 듯 서 있고, 포구에 기이한 바위가 별처럼 늘어섰으며, 좌우의 가운데 돌문이 열려 있고, 큰 내는 바로 흘러 열 길을 날아 떨어진다. 구슬이 옥가루로 흩어지는 듯하여 웅덩이는 깊은 못이 된다.

1901년 서귀진성이 폐지된 이후, 관아 건물은 정의공립보통학교, 서귀공립심상소학교 등으로 개조되어 사용하였고, 4·3 때는 마을을 방어하기 위해 성곽을 헐어내어 4·3성을 쌓는 데 이용되었다.

〈서귀진지〉

게를 많이 그린 이중섭 거리

　　평안남도 출신의 화가 이중섭이 6·25 전쟁 때 가족들을 데리고 제주도로 피난 와 1년 동안 세 들어 살던 초가가 있는 거리다. 초가집은 근대화 바람이 불면서 슬레이트 지붕으로 바뀌었다가 다시 옛 모습 그대로 복원했다.

〈이중섭 거리〉

Tip 11. 이중섭 이야기

부엌처럼 생긴 오른쪽의 문을 열고 들어가면 이중섭 가족이 고구마나 깅이(게)를 삶아 끼니를 때우면서도 웃으며 함께 지냈던 1.4평 남짓한 쪽방이 있다. 방과 이어진 통로 겸 부엌을 나오다 보면 발아래 죽이나 끓여 먹음직한 두 개의 작은 솥단지가 걸려 있는데 빈한한 예술가의 뒤안길을 걸어 나오는 듯하다.

이중섭은 1951년 1월부터 그해 12월까지 이곳 서귀포에서 길지 않은 제주살이를 하면서 「서귀포의 환상」, 「섶섬이 보이는 풍경」 등을 그린다. 이중섭의 그림에는 게가 많이 등장하는데 어느 날 친구가, "왜 맨날 게만 그리느냐?"고 물었더니 "제주도에 있을 때 반찬이 없어서 게를 많이 잡아먹었는데 그 게들에게 대한 미안함과 감사의 마음으로 게를 많이 그리는 거라네."라고 했다고 한다.

이중섭과 그의 일본인 아내와의 편지가 애절하다. 이중섭은 그의 아내를 남쪽에서 온 덕 많은 여인이란 뜻으로 '남덕'이라 불렀다. 이남덕, 그리고 남덕은 자기 남편을 '아고리'라고 불렀다. '아고'는 일본어로 턱을 뜻하고, '리'는 그의 성씨 이를 나타낸다.

> "나의 최대 최미(最美)의 기쁨, 그리고 한없이 상냥한 최애(最愛)의 사람,
> 오직 하나인 현처 남덕 군! 나는 당신을 사랑하는 마음으로 꽉 차 있소."
>
> – 이중섭의 편지글

1956년 9월 그의 나이 마흔한 살에 영양실조와 간염으로 사망한다. 무연고자로 취급되어 사흘간 서대문적십자병원 영안실에 방치되었다가 병원을 찾아온 친구에 의해 신분이 확인되어 친지들에게 유해가 전달되어 망우리 공동묘지에 묻힌다.

〈이중섭 거주지〉

올레꾼이 쓴 제주올레길

Tip 12. 포구 이야기

포구는 개, 개맛, 개창, 성창, 돈지라 불리는 바다로 나가는 길로 80개의 포구가 있었다. 제주도는 해안선이 단조롭고 거친 용암으로 천연포구가 귀해 자연 지형을 이용 돌덩이를 쌓아 작은 자연포구를 만들었다.

포구 축성은 물속에 잠긴 암초인 '여'를 이용하여 만들어진다. '여'는 코지와 달리 바닷물의 드나듦에 따라 모습을 드러냈다가 숨기기도 한다. 썰물 때 '여'가 얼굴을 내밀면 여기에 버팀돌을 쌓고 또 쌓아 포구를 만들었다.

포구에는 해신당이나 등명대, 방사탑 등을 만들어 뱃길의 안전과 풍어를 빌었으며, 배를 감추는 포구를 '배개', 가까운 바다에서 낚시를 하거나 해산물을 채취하는 테우를 붙이는 포구를 '터웃개' 또는 '텟개'라 불렸다.

〈한가로운 포구 전경〉

〈 제지기오름에서 본 섶섬 〉

제주올레7코스

〈제주올레여행자센터-월평마을 아왜낭목〉
（17.6km）

제주올레여행자센터 안내소를 출발하여 삼매봉을 올라 웅장한 한라산의 모습에 탄성을 지른 후, 관광지로 유명한 외돌개를 지나 바닷바람이 시원한 해안길을 걸어 막숙개와 서건도를 거쳐서 월평아왜낭목 간세에 도착한다.

〈범섬과 서건도〉

남극노인성을 볼 수 있는 삼매봉[三梅峰]

이 오름은 서귀포시 보목동에 위치하고 있으며, 높이는 해발 153.6m, 비고 104m에 달한다.

관광도시 서귀포의 명소 삼매봉은 서홍동, 천지동, 대륜동에 둘러싸인 바닷가의 경승지로서 관광객의 발길이 끊이지 않으며 도심 가까운 유원지이자 체육공원으로서도 시민들이 즐겨 찾는 곳이다.

삼매봉은 아름다운 봉우리가 연달아 세 개 있어서 삼매봉(三梅峰) 또는 삼미봉(三美峰), 삼매양망(三捙陽望)이라고도 한다.

꼭대기 잔디밭에 남성정(南星亭)이란 팔각정이 서 있는데 이 등성마루가 남성대(南星臺)라 일컬어지는 조망대이다. 남성대란 수평선 저 멀리 남극노인성(南極老人星)을 바라보는 곳이라는 뜻의 이름이다.

〈삼매봉〉

〈남성대〉

장군바위로 불리는 외돌개

삼매봉 남쪽 기슭 바닷가에 높이 20여m, 폭 7~10m에 달하는 바위섬 하나가 바다 한복판에 한가하게 우뚝 서 있다. 150만 년 전 바닷가 수면을 뚫고 분출한 용암 줄기가 그대로 굳은 용암으로, 화산 폭발로 섬의 모습이 바뀔 때 생긴 바위섬이며 꼭대기에는 작은 소나무 몇 그루가 자생하고 있다.

외돌개에는 옛날 고기잡이 갔던 하르방(할아버지의 제주어)이 풍랑을 만나 돌아오지 않자, 할망(할머니의 제주어)은 바다를 향해 '하르방, 하르방'을 외치며 통곡하다 그만 바위가 되어 버렸다는 슬픈 전설이 전해진다. 신기하게도 하르방의 시체가 할망 바위 앞에 떠 와서 같이 바위가 되어 버렸다. 지금도 할망바위는 하르방하고 부르는 것처럼 입을 벌린 형태를 하고 있다. 그 바로 앞에 바닷물을 먹은 것 같이 불룩한 배를 드러내고 있는 바위가 하르방바위다.

또한 고려 말 최영 장군이 목호의 난[16]을 물리칠 때 범섬으로 달아난 세력들을 토벌하기 위하여 외돌개를 장군 모습으로 변장시켜 놓자 목호들이 두려워 모두 자결했다는 일화가 전해지며 장군석 또는 망부석이라고도 부른다.

---

16) 제주올레7코스 목호의 난이란? 참조

〈외돌개〉

〈외돌개〉

올레지기 김수봉 님이 개척한 수봉로

올레꾼들이 가장 사랑하는 자연 생태길이다. 세 번째 제주올레 코스 개척 시기인 2007년 12월, 길을 찾아 헤매던 올레지기 '김수봉' 님이 우연히 흑염소 두 마리가 기정을 올라가는 모습을

〈수봉로〉

보고 가까스로 길을 찾아 삽과 곡괭이만으로 흙을 계단처럼 만들어서 사람이 걸어 다닐 수 있는 길을 만들었다.

처음 제주올레를 개척할 때는 염소가 다니는 좁은 길을 어렵게 찾아 이었지만, 이제 올레꾼들의 왕래가 많아지면서 언제 끊어졌었냐는 듯 자연스레 자리를 지키고 있다.

〈수봉로〉

올레꾼이 쓴 제주올레길

달의 정취가 아름다운 망다리

법환동 동쪽 마지막 해안가에 있는 언덕으로 그 옛날 선대들이 이 동산에서 달을 바라보는 정취가 일품이라 해서 망달(望月)이다.

또한 목호의 난[17] 때 해안으로 침입하려는 목호 세력을 감시하기 위해 망대를 세웠던 곳이라 하여 망다리로 불린다고 한다. 지금은 법환 포구 확장 사업으로 방파제가 만들어지고 주변 일부가 매립되었다.

〈망다리〉

---

17) 제주올레7코스 목호의 난이란? 참조

최영 장군이 막영했던 막숙개

　　명나라가 제주에서 기르는 말을 보내 줄 것을 요구하자, 고려 조정에서는 말을 가지러 제주목에 관리를 파견하였지만, 원나라의 목자들은 원 세조(쿠빌라이)께서 기르신 말을 자신들의 원수인 명나라에 보낼 수 없다고 하면서 관리들을 죽이고 목호의 난을 일으켰다.

　목호군은 대패하였고 목호 지휘부와 잔당들이 원나라로 도망가려고 법환마을 앞 바다에 있는 범섬으로 건너가 숨었다. 이에 최영은 목호와의 최후 격전을 벌이기 위해 막숙개(현재 법환포구)에 막을 쳤는데 이곳을 막숙(幕宿) 또는 막숙개라고 한다.

〈막숙개〉

배를 비뚤비뚤 엮은 배염줄이

　　범섬과 직선거리로 가장 가까워 목호의 난[18] 때 진압군이 범섬을 향해 배를 출항시켰다고 알려진 곳으로, 지형적으로 보았을 때 이곳 일대는 바다로 길게 뻗은 여이다. '여'는 바다 해저에서 솟아오른 바위를 나타내는 제주어이다.

　　범섬을 포위한 고려군 전선들과는 별도로 막숙에 주둔하던 토벌대가 뗏목과 배를 모아 쇠사슬로 이어, 이곳에서부터 범섬까지 닿는 배다리를 놓는 데서 유래한 이름으로 여러 척의 배를 잇대어 만든 모양이 비뚤비뚤해 마치 배염('뱀'의 제주어) 같다고 해서 배염줄이라 했고, 범섬까지 뗏목을 이었다고 하여 이곳을 배(船)연(連)줄이로 불려온 것으로 전해지고 있다.

〈배염줄이〉

18)　　제주올레7코스 목호의 난이란? 참조

마을 분쟁 논의했던 두머니물

　　법환마을과 강정마을의 경계를 이루는 해안가의 샘으로 일
몰 때는 바다에 잠긴다. 예로부터 애기어멍('아기 엄마'의 제주어)이
젖이 나오지 않을 때 이 물을 먹으면 잘 나온다 하여 애기어멍들이 이
곳에 와서 물을 마시고 목욕했다고 한다.

　　또한 마을마다 바당일을 하는 구역이 정해져 있는데 바다에서 크
고 작은 분쟁이 일어나면 이곳에서 두 마을의 상군해녀들이 모여 문
제를 논의하고 해결했다고 한다.

〈두머니물〉

썩은 섬이라 불리는 서건도

　　이름에 대한 설이 분분한 섬이다. 1709년에 제작한『탐라고지도』에는 부도라고 표기되어 있는데, 지금의 서건도는 서근도였고, 썩은 섬을 잘못 표기한 것으로 알려졌다.

　섬의 토질이 죽은 흙이라고 하여 썩은 섬이라고 부르는데 이름이 듣기에 거북하여 나중에 서건도라고 부르게 되었고, 하루 두 번씩 간조 때마다 바닷물이 갈라지는 '모세의 기적'이 일어나

〈서건도〉

뭍에서 섬까지 걸어서 갈 수 있으며, 가끔 운이 좋으면 출현하는 돌고래 떼들도 볼 수 있다.

　썩은 섬에 대한 또 다른 얘기로는 죽은 고래가 떠밀려와 썩은 냄새가 고약해서 썩은 섬이라고 했다고도 한다.

〈서건도〉

동물개라 불리는 월평포구

　　월평동 해안은 제주도 내에서도 해안단구가 가장 잘 발달되어 배를 정박시키기에 상당히 불리한 여건을 가지고 있다. 그러나 월평포구는 이천장물이 바다와 합수하는 곳으로서 하천 하구에 조그마한 만이 형성되어 포구로 이용하였다. 월평마을 사람들은 설촌 당시부터 포구에 거주했다. 현 마을의 중심이 아니라 포구 가까이에 사람이 먼저 살기 시작했다는 것은 그 당시에는 농업보다 어업이 중요한 생계 수단으로 인식되었음을 의미한다.

　동물개, 동물포라고도 불리며, 1980년대까지만 해도 테우('뗏목'의 제주어)와 풍선이 있었으며, 가파도와 마라도까지 진출하여 어로 활동을 했다. 월평마을 사람들이 바다를 이용하는 방법은 어업뿐 아니라 바다의 빌레('너럭바위'의 제주어)를 이용하여 소금을 만들었으며 배를 건조하기도 했다.

〈월평포구〉

　올레꾼이 쓴 제주올레길

Tip 13. 목호의 난이란?

삼별초가 토벌되자 몽골군 일부가 섬에 남으며 제주는 원나라의 직할령으로 바뀌어서 간접 지배를 받게 된다. 즉 토끼를 쫓고 범을 불러들인 것과 같았다. 원나라에게 제주 섬은 2가지 측면에서 전략적 요충지였다. 하나는 일본 정벌을 위한 전초기지로서 최적의 위치였고, 또 하나는 그들의 핵심 병기인 '말'을 키워 공급받기에 가장 좋은 조건을 갖췄다.

이렇게 제주는 이후 100년간 원 제국의 14개 목마장 중 하나로 운영하며 수탈 당했다. 이 기간 섬에는 고려 조정에서 파견된 관료들도 많았지만, 더 상급 세력은 원 제국 소속 말 사육 전문가들인 목호(牧胡: 오랑캐로서 말을 키우던 자)들이었다. 제주 사람들은 고려 관료와 원나라 목호들로부터 이중 수탈을 당해야 했다.

1366년 고려 정부가 100척의 배에 전라도 병사를 집결시켜 목호를 제압하고자 했으나 패배했다. 세월이 흘러 원 제국 힘이 빠지자 중국 대륙엔 주원장이 나타나 몽골족을 몰아내고 1368년 명나라를 건립한다. 고려 또한 1369년 명나라와 적극적으로 국교를 맺었다. 1372년 목호는 해안가에 도착한 300여 명의 고려 군사와 지방관을 죽이는 일이 발생했다.

1374년 명나라는 제주에 대한 소유권을 주장하며 말 2천 필을 요구해 왔다. 고려 조정은 거절할 힘이 없어 즉각 제주로 사신을 보내 명의 요청을 전했다. 섬을 지배해 온 원나라 목호 세력은 원 황제 쿠빌라이가 풀어놓은 말을 자신들의 원수인 명나라에게 말을 바칠 수 없다고 하면서 300필만 보낸다.

이에 고려 공민왕은 최영을 사령관으로 전함 314척에 군사 25,605명의 토벌대를 제주에 보냈다. 고려 조정은 제주에 상주하던 목호 숫자가 1,700여 명에 불과했지만 섬 전체가 몽골인들과 한 몸, 한 통속이라 판단하여 그 당시 제주 인구와 비슷한 숫자를 보낸 것이었다. 고려군이 명월포에 이르자 목호 기병대는 초반엔 승세를 잡은 듯했으나 역부족이었다. 물밀듯이 상륙해 오는 토벌대에 밀리며 새별오름을 비롯하여 어름비벌판 지역으로, 그리고 한라산 남쪽으로 퇴각하면서 수많은 목호들이 토벌대 칼날에 죽어 갔다. 남쪽에는 그들의 정신적 지주이자 근거지인 법화사가 있었다.

인근 오음벌판(현재 강정마을)에서 혈전을 치른 뒤 패배한 목호 지휘부와 잔당들이 서귀포 앞바다를 거쳐 원나라로 도망가려고 배를 타고 범섬으로 건너가서 숨었으나 얼마 후 종말을 맞았다. 대다수는 범섬 절벽 아래로 떨어져 자결하고 생포된 자들도 곧바로 즉결 처형되었다. 이 전쟁의 승리로 고려는 원나라 세력을 완전히 우리 땅에서 몰아내게 되었다.

조선 초 1417년 이 전투의 목격담을 들은 제주 판관 하담(河澹)은 일지에 이렇게 썼다.

"우리 동족이 아닌 것이 섞여 갑인년의 변 (1374년 목호의 난)을 불러들였다. 칼과 방패가 바다를 뒤덮고 간과 뇌가 땅을 덮었으니 말만 들어도 목이 멘다."

제주올레7-1코스

〈서귀포버스터미널-제주올레여행자센터〉
(15.7km)

서귀포버스터미널 안내소를 출발하여 엉또폭포를 지나서 고근산에 올라 웅장한 한라산의 모습에 탄성을 지른 다음 풀 냄새가 물씬 풍기는 농로를 걷고 하논분화구와 걸매생태공원을 거쳐서 제주올레여행자센터 안내소에 도착한다.

〈고근산에서 본 한라산〉

멀쩡한 날은 폭포가 아닌 엉또폭포

　　시오름 북쪽에서 발원, 오란도를 거쳐 남류하여 바다로 들어가는데, 오란도는 높이가 20m는 됨직한 깎아지른 반원형의 큰 암벽으로 비가 내려 물이 흐를 때는 폭포가 장관으로 용흥 쪽에서는 오란도, 서호 쪽에서는 엉도(엉또)라고 부른다.

　엉또폭포는 고근산 가는 길목에 있으며, '엉'은 바위, '도'는 문이란 뜻으로 한라산 가는 길을 막고 선 바위의 문 같다고도 하며, 아끈내의 물줄기가 낭떠러지에서 떨어져 폭포를 이룬다. 사실 멀쩡한 날에는 폭포도 아니다. 거대하지만 그저 단순한 절벽일 뿐이다.

　엉또폭포의 대장관을 볼 수 있는 날은 한라산 중산간에 70mm 이상 비가 내린 여름 장마철에 폭포를 만날 확률이 가장 높다. 강수량이 적은 계절에 엉또폭포를 찾은 이들은 그 적막감에 압도당한다.

　인근 서귀포 주민들도 비 오는 날이면 타 지역 여행 가듯 차 끌고 몰려오고, 비 때문에 그날 여행 공쳤다며 숙소에서 툴툴거리던 이들도 예정에 없던 이곳으로 와서 시간을 보내곤 한다.

〈평소의 엉또폭포〉

정의현과 대정현의 경계였던 고근산(孤根山)

이 오름은 서귀포시 호근동 및 서홍동에 위치하고 있으며, 높이는 해발 396.2m, 비고 171m에 달한다.

조선시대에는 정의현(旌義縣)과 대정현(大靜縣)의 경계였던 산으로, 근처에 산이 없어 외로이 섰다고 고근산(孤根山) 또는 고공산(高攻山)이라는 이름이 붙었고, 호근동에서는 호근산(弧根山)이라고 한다.

남동사면 중턱 '머흔저리'라는 곳에 망곡단(望哭檀)이 있었는데, 예전 국상(國喪)을 당했을 때 곡배하던 곳으로 지금도 너럭바위가 남아 있다.

남서사면 아래쪽 숲속에 있는 강생이궤는 이름도 재미있으나 흔치 않은 수직굴이란 데서 관심을 끈다. 옛날 꿩 사냥하던 강생이('강아지'의 제주어)가 떨어져 죽었다는 굴인데 숲 덤불에 반쯤 가려진 시커먼 아가리는 지름이 1m가량이고 어두컴컴한 굴속 깊이는 얼마나 되는지 가늠이 되지 않는다.

호근동, 서호동 사람들은 예로부터 용맥(龍脈)이 흐르는 영산으로 여겨 중턱 이상엔 영구히 금장지역으로 정하고 있어서 이 산에서는 무덤 하나 보지 못했다.

설문대할망[19]이 백록담에 머리를 대고 이 굼부리에 엉덩이를 걸치고 범섬엔 다리를 걸쳐 물장구를 치며 놀았다는 전설이 전해온다. 그때 고근산 꼭대기에는 둥그스름한 엉덩이 자국이 패였고, 한쪽 다리를 쭉 뻗는 바람에 엄지발가락이 범섬에 커다란 구멍을 뚫어 동굴을 만들었다고 한다.

---

19) 제주올레19코스 설문대할망 이야기 참조

올레꾼이 쓴 제주올레길

〈고근산에서 본 서귀포〉

〈고근산〉

아주 큰 논이 있는 하논분화구

이 오름은 서귀포시 서홍동과 호근동에 위치하고 있으며, 높이는 해발 143.4m, 비고 88m에 달한다.

한반도 유일의 마르(maar)형(화산이 분화할 때 물이 안에 있어 분화하다가 안쪽이 붕괴되면서 평지보다 낮게 푹 들어가 버린 화산체) 분화구를 가진 오름으로 직경이 1.2km가 넘고 둘레는 3.8km로 한반도에서 가장 큰 분화구를 가진다.

이곳의 분화구는 주위에 비해 비고가 낮으며 물로 채워져 있지는 않으나 분화구 내에 샘이 존재하고, 비가 올 경우 물이 고인다. 깊이에 비해 직경이 크며, 폭발에 의해 생겨난 쇄설물들이 퇴적되어 환상의 언덕을 이룬다.

하논분화구 내에는 2차적으로 형성된 화구구(火口丘)인 보롬이(높이 85.4m)가 중앙부에 위치해 있다. 스코리아(scoria)로 구성된 보롬이의 존재는 하논분화구가 형성된 이후 또 다른 분출이 이루어졌다는 것을 의미하며, 이를 통해 하논은 이중화산에 해당한다고 할 수 있다.

원래는 물이 넘실대는 호수였는데, 500여 년 전 한 지관이 '화구벽의 동쪽을 파서 물꼬를 내면 논농사를 지을 수 있다.'라는 말에 따라 화구벽 낮은 곳에 인공수로를 만들어 호수의 물을 바다로 흘려보내고 농경지로 만들었다는 이야기가 전해 온다.

하논 또는 한논이라는 말은 제주어로 큰논(大畓)이라는 뜻으로 분화구의 반은 논이나 습지고, 그 너머 남쪽은 귤밭이다. 옛사람들은 넓은 화로 즉 홍로(紅爐)라고 불렸고, 서홍동, 동홍동 명칭이 여기에서 유래했다고 한다.

　2002년 한때 분화구 안에 4만㎡ 규모의 야구 전지 훈련장 조성을 추진하려는 계획이 서귀포시에 의해 세워졌다가 시민과 환경단체의 거센 반발에 부딪히자 이를 철회하기도 하였다.

〈하논분화구〉

○ 하논성당터

하논성당은 1900년 6월 12일 김원영 신부가 한라산 남쪽 지역 최초의 성당을 초가집으로 설립하였는데, 당시 명칭은 한논본당이며 신자는 20명이었다고 한다.

설립자 김원영 신부는 수신영악(修身靈樂)을 저술하는 등 의욕적인 선교활동으로 설립 1년 만에 신자가 138명으로 증가할 정도로 천주교회 정착에 기여하였으나, 급격한 교세 확장 과정에서 불거진 지역 토호 세력들과의 갈등은 1901년 5월 발생한 제주신축교안(속칭 이재수의 난)의 한 원인이 되기도 하였다.

신축교안 당시 많은 신자들이 희생되면서 교회가 피폐되자 1902년 6월 17일 제3대 '타케'(한국명 엄택기) 신부가 서홍동 홍로본당(현 면형의 집)으로 이전하였으며, 1937년 8월 15일 라이언 토마스 신부에 의해 서귀포성당으로 다시 이전하여 정착해 현재에 이르고 있다.

〈하논성당터〉

물도랑이 자주 막히는 걸매생태공원

천지연폭포 상류에 있는 걸매생태공원은 천지연폭포를 보호하고 친환경적인 자연생태를 보존하기 위해 만들어졌다. 수생식물관찰원, 습지생태계관찰원, 매화 및 야생조류관찰원, 야생조류관찰원, 목재산책로 등이 조성되어 있다. '걸매'란 물도랑이 자주 막혀 메워져 있는 곳이란 뜻이다. 즉 항상 물이 고여 있는 장소로 예전에는 논이었다.

〈걸매생태공원〉

Tip 14. 신구간이란?

제주도에서는 가옥 수리, 이사, 묘소의 이장 등은 신구간에 해야 탈이 없다고 한다. 이러한 신구간은 해마다 예외 없이 찾아오게 마련이고, 이 기간은 옥황상제의 임명을 받아 내려온 여러 신격(神格)들의 임기가 다 끝나게 되어 구관(舊官)은 옥황으로 올라가고, 거기서 다시 신관(新官)이 서로 부임해 내려오는 이른바 신관·구관이 교대되는 기간인 것이다.

그래서 이 기간에는 지상의 모든 신들이 일 년간의 인간 세계에 있었던 온갖 일들을 옥황상제님 앞으로 총결산을 함과 아울러 그 일의 성과에 따라 새로운 임지로 발령도 받게 된다는 것인데, 그 기간이 꼭 일주일간으로서 보통 대한(大寒) 후 5일에서 입춘(立春) 전 3일이 되는 것이다. 말하자면 제주도민은 그렇게 여러 신들이 옥황상제에게로 오가고, 또 그 신들이 많은 일거리들을 처리하느라고 인간 세계를 보살필 겨를이 없는 분망한 틈을 타서 그러한 신들의 눈을 피해 가면서 쓰러져 가는 가옥을 다시 고쳐 세우고 또한 새로운 살림살이를 꾸며 온 것이다. 그러기에 이 기간에는 이사나 집수리를 비롯한 모든 지상의 신적조화(神的造化)로 믿고 평소에 꺼려했던 일들을 손보아도 아무런 탈이 없어 무난하다고 한다.

그러나 다른 평상시에 그러한 일들을 저질렀다가는 동티가 나서, 그 집에는 큰 가환(家患)이 닥치고 위운(厄運)을 면(免)치 못하게 된다고 하니, 날이 갈수록 일상생활에서는 미신으로만 돌려 버리던 이들까지도 이 속신(俗信)에만은 속박을 받고 있는 것이다.

올레꾼이 쓴 제주올레길

제주올레8코스

(월평)아왜낭목

월평마을

약천사

대포연대

대포 주상절리

베릿내오름

예래생태공원

(예래)환해장성

논짓물

〈월평마을 아왜낭목-대평포구〉
(19.6km)

월평마을 아왜낭목 간세를 출발하여 약천사를 지나서 바닷바
람이 시원한 해안길을 걷고, 주상절리를 지나 베릿내오름을
오른 다음 예래생태공원과 해안가에 있는 논짓물을 거쳐서 대
평포구 간세에 도착한다.

〈월평포구의 박수기정〉

아왜나무가 있는 아왜낭목

　　아왜낭목은 아왜낭('아왜나무'의 제주어)이 있는 길목을 말하는데, 달의 정기가 마을에서 빠져나가는 것을 막기 위해 마을 주민들이 아왜나무를 심었다고 전해진다. 나무가 부족하다고 생각한 월평마을 출신 재일 동포들이 1930년 아왜낭목 부지를 매입한 후 소나무를 심었는데, 이후 도로 확장 공사로 인해 아왜낭은 벌채되고 소나무만 남았다.

　　현재는 아왜낭목의 장소성을 살리기 위하여 마을에서 몇 그루의 아왜낭을 심은 상태다. 아왜낭은 수분이 함유된 두꺼운 육질이어서, 주로 정원수로 심으며 불에 잘 타지 않으면서 잎에서 하얀 거품을 내어 불길을 약화시키는 효과가 있기 때문에 집이나 사찰 주변 방화목이나 생울타리용으로 활용되는 식물이다.

〈아왜낭목〉

초승달을 닮았다는 월평마을

　　월평의 원래 이름은 달(月)뱅듸로 뱅듸는 주변보다 약간 높으면서 평평한 지역을 뜻한다. 이는 지형이 마치 달의 테두리와 같은 언덕으로 둘러싸여 있는 넓은 들이라는 의미이다.

　　설촌 초기에는 서바틀(서쪽 밭) 중심으로 그 안쪽에만 사람들이 살아 마을의 모습이 마치 초승달과 같았다. 이후 마을이 커지며 반달 모양을 거쳐 점차 보름달 모습에 가까워지고 있다. 마을 사람들은 보름달이 될 때까지 월평이 성장할 것이라고 한다.

〈월평마을 간세〉

올레꾼이 쓴 제주올레길

동양 최대의 법당을 자랑하는 약천사

 동양 최대 크기의 법당을 자랑하는 약천사(藥泉寺)는 1981년 주지로 부임한 혜인 스님에 의해 불사가 크게 일어나, 1996년 비로자나부처님을 모시고 있는 대적광전(아시아 최대 규모의 대웅전)이 세워져 유명해졌다. 비로자나불은 국내 최대 목조좌불로 높이 480cm, 너비 340cm에 달한다.

 좌보처는 약사여래불, 우보처는 아미타불이 모셔져 있다. 법당 앞 종각에는 효도를 강조하는 글과 그림이 새겨진 18t 무게의 범종이 걸려 있고, 사찰에는 조선시대 임금인 문종과 현덕왕후, 영친왕, 이방자 여사 등 4인의 위패가 모셔져 있다. 약천이란 사찰 이름은 '뒉새미'라는 사철 흐르는 약수가 있는 연못 때문에 붙여졌다.

〈약천사〉

방어 유적 대포연대

연대[20]는 사면이 바다인 제주도에만 있는 특이한 방어 유적으로, 서귀포시 대포동에 위치한 대정현 소속인 대포연대에는 별장(別將)과 봉군(烽軍)이 교대로 지켰으며, 동쪽으로 마희천연대, 서쪽으로 별로천연대와 교신했다.

〈대포연대〉

---

20)　제주올레10코스 제주도의 방어 유적 참조

거대한 돌덩이 대포 주상절리

　　　　　주상절리는 화산분출로 지표면에 흘러나온 고온의 마그마가 바닷물이나 대지의 찬 공기와 만나서 급속히 냉각되고, 이 과정에서 가뭄에 논바닥 갈라지듯 균열이 생기면서 여기저기 틈이 생겨 수분이 증발하고 부피가 수축하면서 자연적으로 생기는 현상이다.

　해안가 용암의 표면에는 육각형으로 갈라진 절리가 발달해 있으며, 갈라진 형태가 거북이의 등 모양과 비슷하여 거북등절리라 한다. 현무암질 용암에서 주상절리는 약 900℃에서 만들어지는데 용암이 빨리 식을수록 주상절리 기둥의 굵기는 가늘어지고, 주상절리 표면에 발달한 띠 구조의 간격은 좁아진다.

　대포주상절리는 녹하지악 분화구에서 분출한 용암이 지표에서 천천히 식으면서 형성된 것으로, 서귀포시 중문동에서 대포동에 이르는 해안을 따라 검붉은 육각형의 거대한 돌기둥이 마치 계단을 쌓은 듯 겹겹이 병풍처럼 펼쳐 서 있으며, 높이가 30~40m, 폭이 약 2km에 걸쳐 발달해 있다.

　파도가 주상절리에 부딪히며 하얗게 부서지는 모습도 장관인데 파도가 심하게 일 때는 높이 20m 이상 솟구치기도 한다. 옛 지명인 지삿개를 따라 지삿개바위라고도 한다.

〈대포 주상절리〉

올레꾼이 쓴 제주올레길

세 봉우리로 이루어진 베릿내오름

이 오름은 서귀포시 중문동에 위치하고 있으며, 높이는 해발 101.2m, 비고 61m에 달한다.

베릿내오름은 동오름, 섯오름, 만지섬오름 등 세 봉우리로 이루어져 있다. 동쪽 부분인 동오름은 북녘 자락이 중문동 중심가 쪽으로 펼쳐지고 그사이 야트막이 굼부리가 벌어져 있다. 주봉이라 할 수 있는 섯오름(서쪽오름)은 서사면이 그대로 천제연계곡으로 내리지르고 있고, 남서쪽엔 전통어촌 베릿내의 옛 모습을 바탕으로 현대식 시설을 갖춘 관광어촌이 자리 잡고 있다. 북서 부분의 만지섬오름은 북쪽에 천제연 쪽으로 굼부리가 벌어지고 섯오름과의 사이 우묵진 사면에 광명사와 천제사 두 절이 이웃해 있다.

〈베릿내오름〉

천제연계곡 동쪽 언덕 일대 베릿내오름을 한자 표기로 성천봉(星川峰)이라 표기하는데, 베릿내란 이름의 연유를 캐고 보면 별(星)과는 아무 상관이 없다. 베리는 벼루의 제주어다. 벼루란 낭떠러지의 아래가 강이나 바다로 통한 위태한 벼랑을 말한다. 베릿내를 낀 오름이라 베릿내오름이라 했다 해도 자연스러운 호칭이다.

제주시에도 베릿내(別刀川)와 베리오름(別刀峰)이 있는데 이 베릿내는 베리오름 쪽으로 흐른다 하여 베릿내이며, 베리오름은 산 북쪽이 바다에 접한 벼랑을 이루기 때문에 베리오름이라고 풀이되고 있다.

천제연 계곡에는 성천답 관개수로가 있는데, 논농사를 짓기 위해 1908년에 대정군수 채구석이 천제연 물을 이용하여 천제연 폭포부터 성천봉까지 관개수로를 만들었다.

일제 강점기 이전 논농사를 위해 천제연의 물을 끌어오기 위해 바위를 깎고 뚫어 만든 관개수로는 제주의 척박한 자연환경에 굴하지 않고 맞서 싸운 조상들의 소중한 유산이다.

〈베릿내오름〉

자연과 사람이 공존하는 예래생태공원

　　예래생태공원은 자연과 사람이 공존하는 휴식 공간으로 수변공간이 잘 조성되어 현대인들의 정신적·신체적 건강을 위한 힐링(healing) 장소이다.

　　예로부터 제주도민들이 연리라고 부르는 마을이 있는데 농어촌 마을 예래동이다. 빼어난 자연경관과 해안 절경을 간직하면서 물이 좋기로 유명한 마을이다. 마을에는 상징적인 군산 오름이 있으며, 예래생태공원을 조성하여 지역 주민들의 휴식 공간으로 활용하고 있다. 예래는 군산 오름 바위 형태가 누워 있는 사자의 머리와 닮았다고 붙여진 이름이다.

〈예래생태공원〉

탐라의 만리장성 (예래)환해장성

환해장성[21]은 제주도에서만 볼 수 있는 독특한 해안 방어 시설로 고려에서 조선까지 600여 년의 역사를 간직하고 있다.

삼별초를 막으려고 고려군이 쌓았던 돌담, 이어서 고려군을 막으려고 삼별초가 더 견고하게 쌓아 올린 돌담 성벽인 환해장성이 세월이 지난 후에는 일본 왜구들을 막아 주는 방패막이가 되었다.

제주 해안에는 모두 28개의 환해장성이 남아 있었지만, 이들 중 상태가 양호한 열 군데만 지방문화재로 관리되고 있다.

김상헌의 『남사록』에는 '바닷가 일대에는 석성을 쌓았는데 길게 이어져 끊어지지 않았다. 온 섬을 돌아가며 곳곳이 모두 그렇게 되어 있는데, 이것을 탐라 때 쌓은 만리장성이라고 한다'고 되어 있다.

〈(예래)환해장성〉

---

21)   제주올레10코스 제주도의 방어 유적 참조

그냥 버리는 용천수 논짓물

　　용천수란 대수층을 따라 흐르는 지하수가 암석이나 지층의 틈을 통해 지표면으로 솟아나는 곳을 의미하며, 대부분 용암류의 말단부나 지질 경계부, 하천의 절벽이나 벼랑, 요철 지형이 오목지, 오름 기슭 등에 위치한다. 이는 중력의 지배를 받으며 유동하던 지하수가 갑작스러운 지형 변화로 지하수면이 지표에 노출됨으로써 생겨나는 현상이다.

　　해변 가까이 있는 논에서 나는 물이라 해서 '논짓물'이라는 설과 바다와 너무 가까운 곳에서 물이 솟아나 해수와 담수가 만나기에 식수나 농업용수로 사용할 수 없고 그냥 버리는 쓸데없는 물이라는 의미로 논짓물이라고도 한다.

　　요즘에는 엄청난 자원으로 활용되고 있다. 노천탕과 폭포를 만들고 바다에는 둑을 쌓아 해수와 담수가 만나는 천연 풀장을 만들어서 많은 가족 단위 피서객들을 끌어들이고 있다.

〈논짓물〉

Tip 15. 귤 이야기

고대 및 중세사회에서 귤은 임금과 세도가가 맛볼 수 있는 기호품이었다. 제주도 백성은 해마다 귤을 바쳐야 했고 중앙 권력은 귤을 공납받으면 종묘 제사부터 신하에게 귤을 나누어 주었다. 또한 귤이 대궐에 들어온 것을 축하하기 위해 성균관과 유생에게 감제라는 특별 과거를 보게 한 다음 감귤을 나누어 주었다.

과원(果園)은 제주목에 6개가 있었고, 별방, 수산, 서귀, 동해, 명월 등 5개 방호소에도 과원을 설치하여 군인들이 관리했다. 일반 백성들에게는 귤나무 8그루를 기준으로 1년의 부역을 면제해 주었다.

열매가 열리기 시작하면 과원(果園)에 있는 귤 열매 숫자를 일일이 세고 꼬리표를 붙인 다음 하나라도 없어지면 엄한 처벌을 내렸다. 비바람에 손상되거나 까마귀나 참새가 쪼아 먹으면 집주인이 책임지고 대납해야 했다. 해충이나 바람으로 귤이 떨어져서 숫자를 채우지 못해도 소유자에게 책임을 물었다.

제주 백성은 귤나무를 독약처럼 여겨 더 심으려고 하지 않았고, 고통을 주는 나무라 하여 더운물을 끼얹거나 나무에 상어 뼈를 박거나 송곳으로 구멍을 내고 후춧가루를 넣어 죽이기도 했다.

지금 우리가 먹고 있는 온주 밀감은 중국 온주 지방이 원산지로 1911년 서귀포에 있던 프랑스 신부가 일본에서 14그루를 가져와 처음 심었다고 한다.

제주올레9코스

대평포구
몰질
군산
안덕계곡

〈대평포구-화순금모래 해수욕장〉
(11.8km)

대평포구 간세를 출발하여 말이 다니던 몰질을 오르고 월라봉 오른쪽 농로를 걸어서 군산에서 보는 산방산과 한라산의 웅장함에 탄성을 지른 후, 안덕계곡을 거쳐서 화순금모래해변 안내소에 도착한다.

〈군산에서 본 한라산〉

중국 당나라와 인연이 깊었던 대평포구

　　대평리의 옛 이름은 난드르로, 난드르는 평평하고 길게 뻗은 드르(野)의 지형이라 하여 한문 표기로 대평(大坪)이라 한다.

　　또한 중국 당나라와 인연이 깊은 자연 포구로 당캐(唐浦)라고도 하며, 4·3 때는 일본 무역상이 젊은이들을 일본으로 데려갔기 때문에 평온을 유지했다고 한다.

　　동서로 길게 누운 군산은 남사면이 대평리를 병풍처럼 에워싸고 있는데, 군산의 형태가 군산 뒤에서 바라보면 호랑이가 동남쪽을 바라보며 누워 있는 형태가 선명하게 그려진다. 꼬리는 대평 어항 중간쯤에 드리우고 머리는 동남쪽을 바라보는 형상이다. 이 꼬리 부분은 호미덕이라 불리며 밀물 때는 보이지 않다가 썰물 때 나타난다.

　　서귀포 앞바다에 범섬이 있고, 서귀포 서쪽 대평에는 호랑이가 있어서 그 사이에 있는 마을 이름을 예래(猊來)라고 지었다는 얘기도 전해진다.

〈대평포구〉

가파르고 좁은 숲길 몰질

몰질은 '말길'의 제주어로, 고려시대 때 서부 중산간 지역과 박수기정 위 너른 벌판에서 키우던 말을 원나라에 바치려고 대평포구에 있는 배에 싣기 위해 끌고 지나갔던 가파르고 좁은 숲길을 말한다.

〈몰질〉

올레꾼이 쓴 제주올레길

군막을 쳐 놓은 것 같은 군산(軍山)

　　　　이 오름은 서귀포시 안덕면 감산리, 창천리에 위치하고 있으며, 높이는 해발 334.5m, 비고 280m에 달한다.

　산 모양이 군막을 쳐 놓은 것 같다 하여 군산이라고 부른다고 알려져 있으나, 군메오름 또는 굴메오름이라는 속칭은 그와는 전혀 다르다. 군식구, 군서방 따위의 '가외의' 또는 '쓸데없는'의 뜻을 가져 나중에야 갑자기 솟아난 산, 즉 덧생긴 산, 가외로 생겨난 산이라는 뜻이다. 어떤 이는 산이 처음 솟아날 때 안개 속에 굴메('그림자'의 제주어) 같이 보였다 하여 굴메오름이라 부른다고 한다.

　북사면은 매우 가팔라서 오르내리려면 동서의 완만한 등성이가 좋다. 정상부 일대는 두 뿔 모양의 바위가 솟아 독특하게 쌍선망월형(雙仙望月形)이라 하여 명당으로 알려져 무덤이 하나도 없다. 예부터 금장지(禁葬地)로 돼 있고 기우제를 지내던 곳으로 여기에 묘를 쓰면 크게 가물거나 심한 장마가 든다는 것이다. 그러나 이 구역 이하에는 오래전부터 명당으로 알려져 많은 묘지들이 들어서 있다.

　산정의 바위들은 적갈색에 얼룩얼룩한 자철광이 섞여 있어 나침반에도 영향을 준다. 정상 터는 넓지 않아 대여섯 명이 서면 꽉 차지만 조망이 시원스러움은 정말 혀를 내두를 정도다.

　태평양 전쟁 말기 일본은 결7호 작전[22]에 따라 송악산을 비롯한 해안뿐만 아니라 한라산 중턱 어승생악은 물론 이곳 군산에도 정상부에 6개, 전체 9개의 진지동굴 요새를 만들었다.

---

22)　제주올레1코스 결7호 작전이란? 참조

동굴을 만드는 데 강제로 동원된 전라도 광산 기술자 800여 명을 비롯한 제주 사람들에게 변변한 장비나 먹을 것도 제공하지 않은 채 6개월 이상 노역을 시켰다고 하니 이는 부인할 수 없는 우리 선조들이 겪었던 고통과 참상의 현장이다.

〈군산〉

〈군산에서 본 산방산〉

○ 진지동굴

일제 강점기 태평양전쟁 막바지에 이른 1945년 일제는 결7호 작전으로 불리는 방어 군사작전으로 제주도를 결사항전의 군사기지로 삼았다.

군산의 좁은 정상부에 군수물자와 보급품 등을 숨기고 일본군의 대피장소로 6개의 진지동굴을 팠고, 군산 전체엔 9곳이나 구축했다.

동굴 진지를 등지고 왜군이 바라보았을 전망을 살피다가 심한 굴욕감을 느꼈다. 동굴이 겨누고 있는 방향은 평화로운 마을과 곶자왈이다. 산방산은 방어망 구실을 할 터이고 전방에는 바닷가까지 훤히 한눈에 들어온다. 이렇게 아름다운 곳에서 왜군의 추악한 침략상을 고스란히 보고 있자니 지난 일이지만 분한 생각이 든다.

〈진지동굴〉

창고천에 있는 안덕계곡

    창고천 중간 지점의 안덕계곡은 계곡의 깊은 맛과 함께 울창한 숲이 어우러져 조선시대에는 제주도 최고의 명승으로 시인 묵객들이 즐겨 찾던 곳이며 제주에 유배 온 추사 김정희(金正喜) 선생도 이곳을 찾아 절경에 탄복했다고 한다.

    창고천은 1100 도로변 삼형제오름 주변의 고산 습원에서 발원하여 병악, 군산을 거쳐 월라봉 서쪽 하구 황개천에 이르는 제주의 주요 하천이다.

    겨울과 봄에 야생 오리가 많이 날아온다고 해서 올랭이소('올랭이'는 오리를 뜻하는 제주어)라고도 한다.

    안덕계곡은 병풍처럼 둘러 펼쳐진 기암절벽과 평평한 암반 바닥에서 유유히 흐르는 맑은 물이 멋스런 운치를 자아내며 계곡 양쪽 기슭에는 상록수림대가 형성되어 희귀한 식물들이 많이 분포하고 있다.

〈안덕계곡〉

올레꾼이 쓴 제주올레길

Tip 16. 창고천에 전해지는 이야기

옛날 안덕계곡 윗동네에 학문이 높은 강 씨 선비가 살았다. 먼 동네에서도 글을 배우러 올 만큼 선비의 명성은 높았다. 하루는 한 제자에게 글을 읽어 보라고 시켰다. 그런데 방 안에 있는 제자가 글을 읽으면 밖에서도 똑같이 글을 읽는 소리가 들리는 것이 아닌가. 이상히 여겨 문을 열고 밖에 나가 확인해 보면 아무도 없고 다시 글을 읽으면 여지없이 밖에서 글 읽는 소리가 나는 것이었다.

그러길 3년이 되는 어느 날이었다. 선비가 막 잠자리에 들려고 하는데 밖에서 "스승님" 하고 부르는 어린아이의 목소리가 들렸다. 아이는 들어와 선비에게 무릎을 꿇고 말했다. "저는 용왕의 아들인데 지금껏 3년 동안 스승님에게 글을 배웠습니다. 이제 공부를 마치고 돌아가려 하는데 스승님의 은혜에 보답하고자 합니다. 소원이 있으면 말씀해 주십시오."

선비는 그제서야 공부방 밖에서 들리던 글 읽는 소리의 연유를 알게 되었다. 평소 검소하게 지내던 스승은 "나는 책을 읽는 데 있어 먹고살기로 말미암은 어려움이 없으니 그냥 돌아가거라."라고 말하며 혼잣말로 "요 앞 냇물 소리가 글 읽을 때 귀에 거슬리기는 하는데…"라고 중얼거렸다.

그러자 아이는 "알겠습니다. 제가 해결해 드리겠습니다. 대신 며칠 동안 천지가 진동하는 소리가 들리더라도 문을 닫고 기다려 주십시오." 하고 하직 인사를 드리고 떠났다. 아니나 다를까 7일 동안 뇌성벽력이 치고 폭우가 쏟아지고 운무가 휘감더니 마침내 산이 하나 생기고 냇물이 산 저쪽으로 옮겨진 것이다. 이때 새로 생긴 산이 군산이고 옮겨진 내가 창고천이라 한다. 일설에는 중국에 있던 서산이 하루아침에 이리로 옮겨져 군산이 되었다고도 한다.

안덕계곡에는 예로부터 많은 선비들이 찾던 곳으로 제주에 유배 온 완당 김정희 선생도 이곳을 찾아 절경에 탄복했다 한다.

〈창고천〉

올레꾼이 쓴 제주올레길

제주올레10코스

〈화순금모래 해수욕장-하모체육공원〉
(15.6km)

화순금모래해변 안내소를 출발하여 바닷바람이 시원한 해안
길을 걸어 송악산을 올라 가파도와 마라도를 본 후, 셋알오름
과 섯알오름을 지나 알뜨르비행장을 거쳐 풀 냄새가 물씬 풍
기는 농로를 지나서 하모체육공원 안내소에 도착한다.

〈산방산과 한라산〉

응회암 언덕 썩은다리

썩은다리('다리'는 들판이나 언덕을 뜻하는 제주어)는 모래 사장 위에 위치해 있고, 또 퇴적암이 오랜 시간 응회되어 노란색으로 변해 마치 돌이 썩어 있는 것같이 보인다고 해서 썩은다리(사근다리)로 불린다.

비교적 야트막한 언덕으로 화순해수욕장 앞에 위치하며, 제주의 여타 대부분 지역이 검은색 현무암으로 이뤄진 것과는 달리 썩은다리(사근다리)는 응회암으로 이루어진 절벽을 지니고 있다.

〈썩은다리〉

방어 유적 산방연대

연대[23]는 사면이 바다인 제주도에만 있는 특이한 방어 유적으로, 서귀포시 대정읍 대정현(大靜縣) 소속인 산방연대는 사계리의 산방산 남쪽 해안가 연디동산에 있으며, 별장(別將)과 봉군(烽軍)이 배치되었다. 동쪽으로 당포연대, 서쪽으로 무수연대와 교신하였다.

〈산방연대〉

---

23) 제주올레10코스 제주도의 방어 유적 참조

산방굴사가 있는 산방산(山房山)

이 산은 서귀포시 안덕면에 위치하고 있고, 높이는 해발 395.2m, 비고 345m에 달한다.

산방산은 평탄한 지형 위에 우뚝 솟은 타원형의 돔형 화산이며 범종 모양의 종상화산(鐘狀火山)으로 분화구가 없는 것이 특징이다.

둘레는 풍화된 조면암 기둥이 겹겹이 직립한 암릉으로 둘러싸여 온 산이 거의 암골(岩骨)을 드러내고 있고, 산정엔 큰 바위가 있어 이를 선인탑(仙仁榻)이라 했다.

산방산이라는 이름은 바다를 바라보는 남쪽 중턱에 승려가 살고 있는 산방굴이 있다 하여 산방산이라 불리게 되었다.

산방산에는 부처님을 모신 굴암(窟庵)이 있는데 산방굴사(山房窟寺)로 영주10경(瀛州十境)의 하나이다. 굴 내부 천정 암벽에서 떨어지는 물방울은 산방산의 암벽을 지키는 여신 산방덕(山房德)이 흘리는 사랑의 눈물이라는 전설이 있다. 고려말 혜일선사(慧日禪師)가 창건했고, 유배 중인 추사와 친교가 있었던 초의대사(草衣大師)도 수도했었다고 전해진다.

산방산이 생겨난 유래에 대하여는 다른 얘기들이 전해진다.

먼저 설문대할망[24)]에 관한 이야기다. 당시 천상에서 쫓겨난 설문대할망은 자신이 쉴 거처를 만들기 위해 열심히 일했다. 망망대해에 섬 하나를 만들어 냈고 그 한가운데에는 커다란 산도 쌓아 놓았다. 찢긴 치마폭 틈으로 흙이 숭숭 새어 나오다 보니 오름 수백 개도 생겨났

---

24) 제주올레19코스 설문대할망 이야기 참조

다. 그동안 자신의 거처를 만드느라 열심히 일했으니 쉬려고 고단한 몸을 뉘였다. 두 다리를 쭉 펴고 양손을 활짝 벌려 누웠는데 고개와 머리 쪽이 다소 불편했다. 할망(할머니의 제주어)은 오른손을 뻗어 산봉우리 부분을 한 움큼 뽑아서 툭 던졌는데 경사를 타고 쪼르르 구르고 구르다 해안에 멈춰 산방산이 되었으며, 뽑힌 봉우리가 파인 부분은 백록담이라는 전설이 전해 온다.

또 다른 얘기는 설문대할망이 널찍한 섬 우도에 치마저고리를 올려놓고 빨래를 하다가 방망이를 잘못 휘둘러 한라산 꼭대기를 치는 바람에 산 꼭지 부분이 파여 지금의 백록담이 되었고, 굴러떨어진 부분이 산방산이 되었다고 전해진다.

또 다른 얘기는 한 사냥꾼이 잘못 쏜 화살이 옥황상제의 옆구리를 건드리고 말았는데 화가 난 옥황상제가 한라산의 정상 꼭대기를 뽑아 던져 버렸다고 한다. 뽑힌 자리가 우묵한 구멍이 생긴 백록담이고, 팅겨져 날아간 봉우리가 떨어진 것이 산방산이 되었다고 전해진다. 실제 백록담 화구 크기와 산방산의 둘레가 비슷하고 구성하고 있는 암질도 같다고 하니 신비로울 뿐이다.

그런데 산방산이 한라산보다 훨씬 먼저 생겼다. 한라산은 2만 5,000년쯤에 생겼고, 산방산은 70~80만 년 정도에 생겼다. 산방산을 만든 용암은 끈적끈적한 성질이 강해서 멀리 흘러가지 못하고 분화구 주위를 밀어 올려 볼록하게 솟은 종 모양이 되었다.

〈산방산〉

용이 바다로 들어가는 모습 용머리해안

120만 년 전에 분출한 제주도에서 가장 오래된 수성화산체에 해당되며 해안의 절벽은 오랜 기간 퇴적과 침식에 의해 해안선을 이루는 절벽의 모양이 마치 용의 머리를 들고 바다로 들어가는 모습과 닮아서 용머리해안이란 이름이 유래했다.

특히 산방산 위에서 보면 진짜 용이 바닷물 속으로 들어가는 모습을 하고 있다. 밖에서 보면 평범한 벼랑처럼 보이지만 좁은 통로를 따라 바닷가로 내려가면 수천만 년간 층층이 쌓인 사암층 암벽이 장관을 연출하며 한쪽은 에메랄드빛 바다로 이어진다.

용머리는 진시황과 얽힌 전설에서 유래한다. 자신에게 위협이 될 만한 인물이 날 것을 두려워한 진시황은 도술에 능한 고종달이에게 명하여 영웅이 날 만한 곳의 지맥을 끊도록 했다. 이에 고종달이는 천하를 돌며 지형을 살폈는데 이곳 해안이 흡사 용과 같다며 용의 꼬리를 한칼로 끊고, 이어서 잔등이 부분을 끊어 버린다. 이리하여 제주도에는 왕이 나지 않는다고 한다.

〈용머리해안〉

소나무가 무성한 송악산(松岳山)

이 오름은 서귀포시 대정읍에 위치하고 있으며, 높이는 해발 104m, 비고 99m에 달한다.

송악산은 절(파도의 제주어)이 절벽에 부딪혀 우는 소리를 낸다고 하여 절울이라는 속칭을 가지고 있으며, 더러 절워리, 저벼리라고도 하며, 저리별이(貯里別伊), 저별이(貯別伊), 저별악(貯別岳) 등으로 표기된 한자명을 볼 수도 있으나 이들은 절울이에서 나온 것으로 보인다.

소나무가 무성한 데서 송악산(松岳山)이라는 호칭이 붙었는데, 예전에는 동백나무, 후박나무, 느릅나무 등이 우거진 자왈이라 뱀이 많아서 불을 질러 버린 뒤, 초원을 이루어 목장이 되었다.

송악산은 화산활동이 두 번 일어나면서 생긴 이중 분화구가 특징으로 주변에서 연달아 일어난 작은 폭발로 99개의 작은 봉우리가 있어 99봉으로도 불린다. 큰 분화구 안에 두 번째 폭발로 지금의 주봉 안에 알오름과 함께 깊은 분화구가 형성되었다. 송악산의 외륜산인 제1굼부리는 직경 500m쯤에 둘레는 1.7km나 되는 큰 화산으로 남쪽 화구벽은 오랜 세월 파도에 의해 침식되어 사라졌다.

일제 강점기 태평양전쟁 막바지에 이른 1945년 수세에 몰린 일본은 결7호 작전[25]으로 불리는 방어 군사작전으로 제주도를 결사항전의 군사기지로 삼아 뚫은 송악산의 외륜산 진지동굴의 총 길이는 1,433m이고, 출입구가 무려 41개나 되며 내부는 지네의 발처럼 복잡

---

25) 제주올레1코스 결7호 작전이란? 참조

하게 연결되었다. 동굴을 만드는 데 강제로 동원된 전라도 광산 기술자 800여 명을 비롯한 제주 사람들에게 변변한 장비나 먹을 것도 제공하지 않은 채 6개월 이상 노역을 시켰다고 하니 이는 부인할 수 없는 우리 선조들이 겪었던 고통과 참상의 현장이다.

진지동굴 안에는 가이텐(回天) 자살특공대라고 하는 소위 인간어뢰들이 어뢰와 폭탄을 실은 소형 보트와 함께 숨겼는데, 이들은 미군 함대가 나타나면 그대로 바다로 질주해 미군 군함에 부딪혀서 자폭하는 작전을 수행했다.

조선시대 송악봉수대가 있어 서북쪽으로 모슬봉수, 동북쪽으로 군산봉수에 응했다.

〈송악산〉

올레꾼이 쓴 제주올레길

ㅇ 진지동굴

송악산 외부 능선 해안에 있는 이 시설물은 일제 강점기 일본군의 군사 시설로서 크고 작은 진지동굴이 60여 개나 되며 태평양 전쟁 말기 수세에 몰린 일본이 천황제 유지를 위한 결7호 작전에 따라 제주도를 저항 기지로 삼고자 했던 증거를 보여 주고 있다.

주변에는 섯알오름 고사포 진지와 해안동굴 진지, 알뜨르비행장, 비행기 격납고, 지하 벙커, 모슬봉 군사 시설 등이 있다.

〈진지동굴〉

○ 외륜 진지동굴

송악산 외륜에 분포하고 있는 동굴 진지는 모두 13곳에 이르며 동굴과 출입구의 형태가 지네의 모습을 하고 있다. 전략 요충지인 알뜨르비행장 일대를 경비하기 위한 군사 시설로, 총 길이가 1,433m로 제주도 내에서 확인된 일본군 진지 동굴 가운데 두 번째로 규모가 크며 출입구 수는 41곳으로 제주도 내에서 가장 많다.

일제 강점기의 일본군 군사 시설의 하나로 태평양 전쟁 말기 수세에 몰린 일본이 천황제 유지를 위한 결7호 작전에 따라 제주도를 저항 기지로 삼고자 했던 증거를 보여 주고 있다.

〈외륜 진지동굴〉

셋알오름과 섯알오름

　　이 오름은 서귀포시 안덕면 감산리, 화순리, 대평리에 걸쳐
위치하고 있으며, 높이는 해발 40.7m, 비고 21m에 달한다.

　송악산 북쪽엔 작고 야트막한 세 봉우리가 저마다 말굽형 화구를
가지고 있다. 마을 사람들은 송악산에 붙은 것이라 하여 알오름이라
부르기도 한다.

　산이수동 가까운 것은 동쪽에 있어서 동알오름, 알뜨르비행장에
붙은 것은 서쪽에 있어서 섯알오름이며, 동알과 섯알 사이의 희미한
굼부리는 사이와 둘째의 뜻을 가진 제주어 '셋'을 붙여 셋알오름이라
한다. 셋알오름 정상에는 미국의 폭격기 공습에 대비해 일제 강점기
때 설치한 고사포진지도 있다.

　섯알오름에는 일제시대 일본군 탄약고로 사용하던 움푹 파인 곳이
있는데, 송악산탄약고로 부르던 이곳은 한국전쟁 당시 예비검속법에
따라 빨갱이들의 동조를 막기 위해 우리 군경에 의한 민간인 학살이
자행된 참혹한 현장이다.

〈셋알오름〉

○ 셋알오름 고사포진지

　고사포진지는 일제 강점기의 일본군 군사 시설의 하나로 태평양 전쟁 말기 수세에 몰린 일본이 결7호 작전의 하나로 제주도를 저항 기지로 삼고자 했던 증거를 보여 주는 군사 시설이다. 고사포는 항공 기를 사격하는 데 쓰는 양각의 큰 포를 말하는데 고각포라고도 한다.

　1945년 무렵에 원형의 콘크리트 구조물로 구축된 고사포 진지로 5 기의 고사포 진지 중 4기는 완공되고 1기는 미완성된 상태다. 이곳에 설치됐던 포대는 폭파 제거되었으나 콘크리트 포상 흔적은 비교적 잘 남아 있다.

　지하에는 트럭들이 드나들 수 있는 높이 3m, 너비 4m의 지하호를 팠는데, 지네 발 모양으로 설계되어 전투사령실, 탄약고, 연료 저장 고, 비행기 수리공장, 어뢰 저장고, 통신실 등 중요 군사 시설을 감출 목적으로 만들었다.

〈고사포진지〉

○ 섯알오름 학살터

6·25 전쟁이 발발하면서 모슬포 관내 경찰서에서는 인민군과의 호응 가능성 하나만으로 6월과 7월 예비검속이란 미명하에 무고한 농민, 공무원, 마을 유지, 부녀자, 학생 등 344명을 강제 구인하여 모슬포 절간창고, 한림 수협창고 및 무릉지서에 분산 수용 관리했다. 면회도 허용하고 병보석도 시행하는 등 유화정책을 쓰면서 4등급의 살생부를 작성한다.

정부 최종 피난처가 제주도로 결정되자 계엄사령부는 모슬포 절간 창고에 구금되었던 130여 명을 모슬포 주둔 정부군에게 일제 강점기 섯알오름 탄약고 터였던 물웅덩이에서 집단 학살하도록 하였다. 시 신은 가족들에게 인계되지 않은 채 암매장당했다.

학살된 시신은 한동안 그대로 방치되었다가 5년 9개월 만에 수습하 였다. 그러나 본래 일제의 탄약고였던 콘크리트바닥에 비가 내리면서 빗물이 고여 시신도 함께 썩 어 누구의 시신인지 도저히 분간할 수 없었다. 그래서 '조 상은 다르더라도 같은 날 같 은 시각에 죽어 갔던 사람들 은 모두 한 자손이다'라는 의 미로 백조일손지묘 비석을 세웠다.

〈학살터〉

일제 강점기 해군 항공기지 알뜨르비행장

상모리 아래 섯알오름 서쪽 드넓은 평지는 알뜨르(아래를 뜻하는 제주어 '알'과 벌판을 뜻하는 제주어 '드르')비행장이다. 일제 강점기 대륙 침략을 위해 일본은 난징 폭격을 위한 중간 급유 기착지로 중국과 일본 중간 거점인 제주도에 1926년부터 대대적인 비행장 건설 공사에 들어갔다.

10여 년 만에 20만 평 규모의 비행장 건설을 완공한 일본은 1937년 중일전쟁이 발발하자 알뜨르비행장은 전초기지로 쓸 수 있도록 오무라의 해군항공기지를 알뜨르비행장으로 옮기고 규모를 80만 평으로 확장하면서 격납고와 고사포 진지, 특공기지인 동굴 진지 등도 신설한다. 전세가 밀리자 자살전술특공대 가미가제를 위한 조종훈련이 이곳에서 이뤄지기도 했다. 낮은 자세로 웅크린 채 아가리를 벌리고 있는 가미가제 전투기용 격납고가 눈에 띄는데, 현재 19개가 온전한 형태로 남아 있으며, 지금은 일제의 잔혹상을 보여 주는 역사 교육장으로 활용하고 있다.

또한 이들 알뜨르비행장 일대의 일본군 시설들은 일제 강점기 시대에는 강제노역 등 착취의 현장, 해방 이후에는 4·3 와중에 수많은 사람이 희생된 참혹한 학살 장소가 되었다.

〈알뜨르비행장〉

올레꾼이 쓴 제주올레길

○ 관제탑

일본은 태평양전쟁을 일으키면서 군사적인 목적으로 제주도에 비행장을 설치했다.

그중 하나는 현재의 제주공항 위치인 정뜨르비행장(정드르비행장)이며, 다른 한 곳은 서귀포시 대정읍 모슬포의 알뜨르비행장(알드르비행장)이다. 활주로 길이는 남북 방향 길이 1,400m, 폭 70m, 유도로는 3,500m, 2,500m이다.

제주도에는 해군용 알뜨르비행장, 육군용 동비행장 진뜨르비행장, 육군용 서비행장 정뜨르비행장, 교래 비밀비행장 등이 있었다.

〈관제탑〉

○ 지하 벙커

 알뜨르비행장 지하 벙커는 활주로와 격납고가 집단적으로 조성된 사이에 설치되어 있다. 이 지하 벙커는 남북 방향으로 길이 약 30m, 너비 약 20m 장방형 구조를 하고 있다. 남쪽 입구에서 중심부 공간까지의 길이가 약 7m이며, 오른쪽으로 2층 통로와 연결되어 있다.

 통로 중간 지점에 지상부와 연결되는 통로 3곳이 설치되어 있다. 통로 내부 벽면에는 철제 사다리가 녹이 슨 상태로 몇 개 박혀 있어 이곳을 통해 지상부를 관찰한 것으로 보이며, 비행대 지휘소 또는 통신시설 등으로 이용했을 것으로 추정된다.

〈지하 벙커〉

올레꾼이 쓴 제주올레길

Tip 17. 제주도의 방어 유적

제주의 방어 유적은 그 옛날 사방이 바다로 둘러싸인 이곳 제주도, 절해고도의 섬사람들이 항상 밤마다 느끼는 언제 어디로 쳐들어올지 모르는 외적에 대한 일상적 긴장감과 두려움을 없애 주는 데 많은 도움을 주는 3성, 9진, 25봉수, 38연대가 있었다.

• 성(城)
행정과 군사 목적을 동시에 갖춘 읍치의 성으로 제주읍성(齊州邑城), 정의현성(旌義縣城), 대정현성(大靜縣城) 등 3성이 있었다.

• 진(鎭)
제주도 9개의 해안 요충지에 설치된 군사행정 구역으로 화북진(禾北陣), 조천진(朝天陣), 별방진(別防陣), 수산진(水山陣), 서귀진(西歸陣), 모슬진(摹瑟陣), 차귀진(遮歸陣), 명월진(明月陣), 애월진(涯月陣) 등 9진이 있었다.

• 봉수(烽燧)
횃불과 연기로 긴급상황을 알리는 통신시설로 먼 거리 조망에 필요하며, 오름 정상에서 위쪽으로 흙을 둥글게 쌓아 올려 만들었다. 오름 위에 다른 언덕을 조성하여 불을 피웠다. 언덕 아래는 불의 번짐을 방지하기 위해 물을 채워 놓을 수 있는 2중의 도랑이 있는 구조이다. 25개의 오름에 25개의 봉수가 있었는데 원형대로 남아 있는 것이 없다.

• 연대(煙臺)
연대(煙臺)는 횃불과 연기로 긴급상황을 알리는 통신시설로 가까운 거리 조망에 필요하며, 해안 감시가 쉽고 전투하기에 유리한 장소에 만들었다. 주로 네모 형태의 돌을 쌓아 올린 형태다. 제주도 해안가 경관 좋은 곳에 38개의 연대가 있었는데 보존상태가 좋은 7기가 제주도 기념물 23호로 지정되어 있다.

옛날에 적이 침입하거나 위급한 일이 있을 때 낮에는 연기로 밤에는 횃불로 연락을 취했던 통신시설이다. 연기로 인한 오류 방지 위해 근처 100보 내에서는 불 사용을 금했다. 봉수(烽燧)는 산 정상부에 위치하여 멀리 있는 적을 감시하지만, 연대(煙臺)는 해안 구릉에 자리하여 적의 동태를 감시하는 시설을 갖추었다.

조선시대(朝鮮時代)에는 오거법(五炬法)에 의해 평시에는 1개, 이양선(異樣船: 외국 배)이 나타나면 2개, 육지로 다가오면 3개, 육지로 침범하면 4개, 전투가 벌어지면 5개를 올렸다. 날씨가 흐리거나 비가 오는 경우에는 연대를 지키던 군인이 직접 달려가 급한 소식을 전하기도 했다.

• 환해장성(環海長城)

제주에 처음으로 무기를 가진 외지인들이 들어와 섬을 점령한 건 삼별초의 난 때이다. 환해장성의 역사도 이 시기인 750여 년 전으로 거슬러 올라간다. 고려 무신 정권의 잔당인 삼별초가 몽골과의 굴욕적인 조약에 반기를 들고 항쟁을 시작한 건 1270년이다. 이에 고려군 1천 명이 제주에 들어왔고 이들은 곧바로 섬 해안선을 따라 돌담 성벽을 쌓기 시작했다.

올레꾼이 쓴 제주올레길

제주올레10-1코스

가파도

〈상동포구-가파치안센터〉
(4.2km)

운진항에서 배를 이용하여 가파도에 도착, 상동포구 간세를
출발하여 풀 냄새가 물씬 풍기는 농로를 따라 가파치안센터
간세에 도착한다.

〈가파도의 청보리〉

가오리를 닮은 가파도

가파도는 제주도의 부속 도서 중 네 번째로 큰 섬이다. 전체적인 섬 모양이 가오리가 넓적한 팔을 한껏 부풀리며 헤엄치는 형상에서 가파도라 했고, 섬이 덮개 모양이라 해서 '개도(蓋島)'를 비롯하여 '개파도(蓋波島)', '개을파지도(蓋乙波知島)', '더위섬', '더푸섬' 등으로 불린다. 이외에도 하멜의 '캘파트(Quelpart)'는 제주도를 가리키는 표기인데 가파도에서 유래되었다는 주장도 있다. 섬의 최고점은 높이 20m 정도로 구릉이나 단애가 없는 평탄한 섬에도 불구하고 해수담수화 시설이 잘되어 있어 물 사정은 좋다.

가파도에 사람이 살기 시작한 것은 1842년 흑우 50마리를 기르기 위한 국유 목장(흑우장)이 만들어지면서부터다. 오랜 세월 동안 무인도였던 가파도에 이때부터 다시 사람들이 살기 시작되었다고는 하나 실은 그전에도 사람들이 살았다. 그러나 왜구들의 약탈로 인하여 해상 방위 목적으로 아예 섬을 비우는 공도(空島) 정책을 실시했다. 또한 1970~80년대 남북 대치가 극에 달하던 시절에는 인구가 아주 작은 섬들은 간첩들의 잦은 출몰로 인한 피해 등을 방지하기 위해 주민들을 육지나 큰 섬으로 이주시킨 사례가 적지 않았다.

가파도에는 선사시대의 유적인 고인돌이 많이 남아 있는 곳으로 사람들이 살았던 내력은 신석기시대까지 거슬러 올라간다. 제주도 내에는 180여 기의 고인돌이 있는데 그중 135기가 가파도에 있을 정도다. 가파도 주민들은 이 고인돌을 '왕돌'이라 부른다. 이 왕돌은 전형적인 남방식의 고인돌로 판석도 없이 지하 묘실을 만든 다음에 돌을 놓고 그 위에는 큰 덮개돌을 올려놓은 것이 특징이다.

가파도 주민들의 봉화는 낮에는 연기를 피워서 소식을 알리고, 밤에는 보릿대에 불을 붙여서 올렸다고 한다. 물과 식량이 부족하고 환자가 생기면 봉화를 1개 올리고, 물과 식량이 다 떨어지거나 위급한 환자가 발생하면 봉화를 2개 올리며, 사람이 죽거나 죽을 위험에 처하면 3개를 올렸다고 한다. 이 봉화를 보고 모슬포에서는 즉시 알았다는 신호를 보낸 다음 필요한 배와 물자를 가파도에 보냈다. 마라도는 가파도보다 외해에 속한 섬으로 중간에 가파도를 통하여 신호를 보내기도 하고 초상이 나면 두 섬이 서로 신호를 보내 오가면서 사이좋게 초상을 치렀다고 한다.

가파도 하면 청보리 축제가 유명한데 보리밭이 유난히 아름다운 것은 보리의 키 때문이다. 다른 지역 보리는 무릎 높이 정도의 크기이지만 가파도의 보리는 재래종으로 1m가 훌쩍 넘는다. 바람이 조금만 불어도 전체의 흔들림이 너울처럼 보리 물결이 장관을 연출한다.

〈가파도에서 본 산방산과 송악산〉

올레꾼이 쓴 제주올레길

제주올레11코스

산이물
모슬봉
정난주마리아성지
(신평, 무릉)곶자왈
새왓

〈하모체육공원-무릉외갓집〉
(17.3km)

하모체육공원 안내소를 출발하여 바닷바람이 시원한 해안길과 농로길을 걸어 모슬봉에 올라 웅장한 한라산과 산방산에 탄성을 지른 후, 풀 냄새가 물씬 풍기는 농로를 따라 정난주마리아성지와 신평 곶자왈 숲길을 거쳐서 무릉외갓집 간세에 도착한다.

〈모슬봉에서 본 산방산〉

용천수 산이물

　　용천수란 대수층을 따라 흐르는 지하수가 암석이나 지층의 틈을 통해 지표면으로 솟아나는 곳을 의미하며, 대부분 용암류의 말단부나 지질 경계부, 하천의 절벽이나 벼랑, 요철 지형의 오목지, 오름 기슭 등에 위치한다. 이는 중력의 지배를 받으며 유동하던 지하수가 갑작스러운 지형 변화로 지하수면이 지표에 노출됨으로써 생겨나는 현상이다.

　주민들의 생활과 밀접한 관계를 갖고 있으며, 상수도가 없었을 때 채소를 씻기도 하고 공동 빨래터로 사용하였다. 예전과 같이 이용이 많진 않지만 여름철 피서지로 지역 주민 및 올레꾼들에게 쉼터를 제공하고 있다.

〈산이물〉

원추형 화산체인 모슬봉(摹瑟烽)

이 봉은 서귀포시 대정읍에 위치하고 있으며, 높이는 해발 180.5m, 비고 131m에 달한다.

모슬봉은 전사면의 경사도가 비슷하고 대칭적 구조를 지닌 전형적인 원추형 화산체이다. 모래가 있는 포구라 하여 모살('모래'를 뜻하는 제주어)포 또는 모슬포로 모슬개라고 하는데, 모슬개에 있다고 하여 모슬개오름이라 불리게 되었다.

오름의 생긴 모습이 정확히 좌우대칭 구조를 이루는 흔치 않은 구조이며 탄금봉(彈琴峰)이라고도 불릴 만큼 풍수지리적으로도 좋은 형태를 보이고 있다. 조선시대 때는 국상(國喪) 시 주민들의 애곡을 위한 망곡단(望哭壇)이 있었다고 전해진다.

모슬봉에 있는 군사 시설은 알뜨르비행장에 필요한 전력 공급, 혹은 탄약 보관 등을 위해 건립되었다.

1941년 12월, 미국 하와이 진주만 기습으로 태평양 전쟁을 일으킨 일본은 1942년 미드웨이 해전에서의 패배를 기점으로 수세에 몰린 일본이 천황제 유지를 위한 결7호 작전[26]에 따라 제주도를 저항 기지로 삼고자 했던 증거를 보여 주고 있다. 전장이 점차 일본 본토로 접근해 오면서 본토 사수의 전략거점으로 제주도의 위치는 중요해졌고, 이에 따른 비행장 기능 확충이 필요했다.

오름 정상부에는 조선 시대 봉수대가 있었는데, 남동으로 저별봉수, 북서로 차귀봉수에 응했었다.

---

26) 제주올레1코스 결7호 작전이란? 참조

〈모슬봉〉

〈모슬봉〉

정난주마리아성지

정난주는 1801년 황
사영 백서 사건을 일으켰던
황사영의 부인이자 정약용의
조카다. 신유박해가 일어나
자 황사영은 배론 성지에 숨
어 조선에서 자행되는 천주
교 박해의 실상을 적고, 박해

〈정난주마리아성지〉

를 멈추게 해 달라는 내용의 편지를 적었지만 중국으로 전하지 못하고
조정에 알려지게 되는데, 이 사건이 유명한 황사영 백서사건이다.

이 사건으로 정약용은 강진으로 유배되고, 황사영은 처형되며, 정
난주는 명문가의 장녀에서 천민 노비 신분이 되어 제주로 쫓겨난다.
두 살 난 아들을 데리고 제주로 향하던 정난주는 추자도에 어린 아들
을 내려놓는 데 성공한다.

육지에서 화북포구를 통해 제주로 들어온 최초의 천주교인이었던
정난주는 대정현의 유배지에 도착한다. 풍부한 교양과 학식으로 주
민들을 교화시켜 관노의 신분임에도 서울할망이라 불릴 만큼 이웃의
사랑을 받다 병을 얻어 66세에 숨을 거두자, 이웃 주민들은 대정읍 동
일리에 장사 지내고 묘소를 돌봐 왔다.

한국 천주교에서는 모진 시련을 신앙으로 이겨 냄은 물론 전염병
으로 마을이 공포에 빠졌을 때 병자들을 간병했던 그녀를 순교자 반
열에 올리고 있다.

올레꾼이 쓴 제주올레길

가시덤불이 우거진 (신평, 무릉)곶자왈

곶자왈은 곶과 자왈의 합성어로 된 제주어로서, '곶'은 숲을 뜻하며, '자왈'은 나무와 덩굴 따위가 마구 엉클어져서 수풀 같은 곳으로 표준어의 덤불에 해당한다. 곶자왈은 돌무더기로 인해 농사를 짓지 못하고, 방목지로 이용하거나, 땔감을 얻거나, 숯을 만들고, 약초 등의 식물을 채취하던 곳으로 이용되어 왔으며, 불모지 혹은 토지이용 측면에서 활용 가치가 떨어지고 생산성이 낮은 땅으로 인식되었다.

곶자왈 용암의 대부분은 10,000년 전후에 발달했고, 곶자왈 내 용암이 만들어 낸 요철(凹凸) 지형은 지하수 함양은 물론 다양한 북방한계 식물과 남방한계 식물이 공존하는 숲을 이루어, 생태계의 허파 역할을 하고 있다. 나무들은 뿌리가 깊지 않고 지표를 따라 횡적으로 발달하며, 빛의 양이 적고 습도가 높아서 이끼류와 고사리류들의 천국이다.

곶자왈 지대에 대한 관심은 지하수 분야뿐만 아니라 동식물 등 생태 분야로까지 확대되면서 학술적 가치 및 보전의 필요성에 대해 사회적 공감대가 형성되었다. 이를 바탕으로 곶자왈공유화재단 설립과 공유화 운동, 그리고 곶자왈 지대 내 사유지 매입 등 다양한 보존 활동이 활발히 전개되고 있다.

곶자왈은 생태적 가치뿐만 아니라 울창한 숲과 궤, 동굴이 있고, 가까이 마을이 있어 주민들이 피난처뿐 아니라 무장대의 근거지, 때로는 토벌대의 주둔지가 되기도 하였다.

또한 곶자왈은 화산 분출 시 점성이 높은 용암이 크고 작은 바윗덩

어리로 쪼개지면서 요철 지형으로 쌓여 지하수 함양 역할을 해줘 나무, 덩굴, 암석 등이 서로 뒤섞여 수풀처럼 무성히 자라는 숲으로, 세계에서 유일하게 열대 북방한계 식물과 한대 남방한계 식물이 공존하는 숲이다.

곳자왈의 지질학적 특징으로, 첫째는 크고 작은 암괴(지름 64mm 이상)가 많고, 둘째로 클링커(Clinker)라 불리는 적토색을 띠는 자갈 크기의 암편이 많으며, 셋째는 주변보다 다소 높은 언덕처럼 생긴 곳의 갈라진 틈에 나무들이 자라며, 넷째로 암괴들이 쌓여 있는 곳은 수 미터 높이의 능선을 이루고 능선과 능선 사이는 낮은 골짜기를 이룬다는 것이 있다.

가시덤불이 우거져 쓸모없는 땅으로 불모지였기에 누구도 관심 없었기에 잘 보존되고 있으며, 가시덤불로 인해 들어가기 어려웠던 신평, 무릉곳자왈에도 올레길이 만들어져 일반인에게 공개되고 있다.

〈(신평, 무릉)곳자왈〉

초가지붕을 잇는 새왓

새왓은 띠밭을 가리키는 제주어다. 새는 제주도의 초가지붕을 이는 주재료로 없어서는 안 될 소중한 풀이다. 또한 볏짚이 없는 제주에서는 새를 이용하여 짚신을 만들어서 신었다.

옛날에는 2년에 한 번씩 지붕을 이었으므로 새왓은 주변 어디서나 볼 수 있었다.

〈새왓〉

Tip 18. 정낭 이야기

제주도의 전통가옥으로 들어오는 올레 입구 양쪽에는 세 개의 구멍을 낸 정주
석이나 정주목을 기둥으로 좌우에 세우고 세 개의 굵고 긴 나무를 걸쳐 놓는다.
올려놓은 나무 개수에 따라 집주인의 외출 여부를 알려 준다.
정낭 3개가 가로로 모두 걸쳐진 것은 '집에 아무도 없어요'. 2개가 걸쳐진 것은
'저녁때쯤 와요'. 1개만 걸쳐진 것은 '금방 돌아와요'. 한 개도 걸쳐 있지 않은 것
은 '사람 있어요.'를 의미한다.
또한 정낭은 사람의 출입 통제는 물론 말이나 가축들이 무단으로 집으로 들어
오고 나가는 것을 막는 역할도 했다.

〈정낭〉

올레꾼이 쓴 제주올레길

제주올레12코스

〈무릉외갓집-용수포구〉
(17.5km)

무릉외갓집 간세를 출발하여 농로를 걸어 녹남봉을 올라 한라산의 웅장함에 탄성을 지른 후, 산경도예를 지나서 풀 냄새가 물씬 풍기는 농로길과 바닷바람이 시원한 해안길을 따라 차귀도를 보면서 수월봉과 당산봉을 거쳐서 용수포구에 도착한다.

〈당산봉에서 본 차귀도〉

녹나무가 많았던 녹남오름

　　　　이 오름은 서귀포시 대정읍에 위치하고 있으며, 높이는 해발 100.4m, 비고 60m에 달한다.

　녹나무가 많다고 하여 녹남봉 또는 장목봉(樟木: 녹나무를 말함)이라 부르며, 예전에는 녹나무가 많았었는데, 4·3 때 불태워지거나 다용도의 나무로 쓰임새가 많아 무분별하게 벌채되기도 해서 지금은 녹나무를 볼 수 없다. 녹남방에 즉 녹나무로 만든 방아(절구)도 더러 있었다고 한다.

　서쪽이 경사가 완만하고 숲이 있어서 고요를 즐기면서 푹신한 풀밭 길을 산책하듯 걸어 오를 수 있다. 정상에 둥근 꼴의 야트막한 분화구가 있는데 마을 사람들은 이를 가마솥 모양으로 생겼다고 가매창이라고 부른다.

　바다 가까운 평야 지대에 위치해 있어 조망이 넓게 트인다. 제주도 최서단 오름인 수월봉과 최남단 오름인 송악산을 동시에 볼 수 있다.

〈녹남오름〉

일몰이 아름다운 수월봉(水月峰)

이 봉은 제주시 한경면에 위치하고 있으며, 높이는 해발 78m, 비고 73m에 달한다.

수월봉(水月峰)은 제주섬의 서쪽 땅끝에 자리 잡은 나지막한 오름으로, 성산일출봉 쪽에서 떠오른 해가 수월봉 너머 바다로 잠기면 제주 섬의 하루가 문을 닫는다. 옛날 기우제를 지내던 수월봉 정상은 일몰 명소다.

수월봉 호칭의 유래는 물 위에 뜬 달과 같고 석양 비친 반달과 같은 형체라는 얘기가 있는가 하면, 원래 높고메오름 또는 높구메오름인 고산(高山)으로 불려 오다가 수월공 고지남(水月公 高智男)의 숭모비에서 호를 따다 수월봉이라 불린다는 향토지 기록도 있다.

우리말 이름은 노꼬물오름이라 하는데 바닷가 절벽 바위틈에서 노꼬물이라는 샘물이 흘러나온다는 데서 유래한다. 또한 벼랑에서 물이 떨어져 내린다고 물노리오름이라고도 불렸다.

수월봉은 드넓은 고산평야 해안에 돌출하여 남북으로 길게 가로누웠고, 소나무들이 들어선 동사면은 완만한 경사를 이루며 고산평야로 이어진다.

〈수월봉〉

○ 지질트레일

수월봉 화산재층은 두께 약 70m의 기왓장 형태로 화산 활동으로 생긴 층리의 연속적인 변화를 그대로 보여 주기 때문에 '화산학의 교과서'로 불릴 만큼 세계적으로 중요한 지질자료로 인정받고 있다.

해안에서 얼마 떨어지지 않은 땅속에서 올라온 마그마가 지하수 또는 바닷물과 만나 격렬하게 반응하면서 폭발한 것이다. 폭발과 함께 터져 나온 화산재들은 화산 가스, 수증기와 뒤엉켜 사막의 모래폭풍처럼 지표면 위를 훑고 지나며 쌓이고 쌓여 커다란 봉우리를 이뤘다. 오랜 세월 강한 바람과 파도에 깎이면서 화산체 대부분이 사라지고 1.5km에 이르는 해안 절벽만이 병풍을 두르듯 남아 지금의 수월봉이 만들어졌다.

수월봉 서쪽 해안 절벽의 탄닝구조(크고 작은 화산탄들이 곳곳에 박혀 있고 지층은 휘어져 있는 상태)는 화산 폭발에 의해 하늘로 뿜어져 올라갔던 큰 암편들이 화산재 층 위에 떨어져 형성되었으며, 화구 가까이에는 크고 작은 돌 부스러기들이 쌓여 층의 두께가 두껍고, 화구에서 멀어질수록 화산재 알갱이는 작아지고 지층의 두께는 얇아진다.

〈수월봉 지질〉

깎아지른 절벽이 아름다운 엉알길

　　수월봉 아래 바다 쪽으로 깎아지른 절벽길을 말하며, 엉알
은 큰 바위 또는 낭떠러지 아래라는 뜻이다. 엉알길 절벽은 화구에서
뿜어져 나온 화산분출물이 쌓인 화산재 지층이 차곡차곡 쌓여 무늬
를 이루고 있다.

　엉알길을 걷노라면 차귀도와 함께 어우러진 아름다운 바다 풍광보
다는 슬픈 이야기에 눈시울을 적시기도 한다. 태평양전쟁 말기 수세
에 몰린 일본이 천황제 유지를 위한 결7호 작전[27]에 따라 파 놓은 진
지동굴이 마음을 아프게 하고, 또한 수월이와 노꼬의 슬픈 이야기가
눈시울을 뜨겁게 한다.

〈엉알길〉

---

27)　제주올레1코스 결7호 작전이란? 참조

올레꾼이 쓴 제주올레길

○ 녹고(노꼬)의 눈물

먼 옛날 수월이와 노꼬는 홀어머니의 병이 온갖 약에도 효용이 없이 악화할 뿐이어서 근심의 나날을 보내던 어느 날, 지나가던 스님이 백 가지의 약초를 가르쳐 주면서 함께 달여 먹이면 낫는다는 것이었다. 힘을 얻은 오누이는 들과 산을 누비며 정성을 다해 가르쳐 준 약초 아흔아홉 가지를 캐 왔으나 한 가지 오갈피라는 약초는 구하지 못했다.

안타깝게 찾아 헤매던 끝에 수월봉 벼랑 중간쯤에 약초가 있는 것을 발견했다. 아슬아슬한 벼랑을 기어 내려 동생은 위에서 손을 잡아주고 밑에서 누이가 한 손으로 캐어 동생에게 건네주는 순간, 기쁨에 넘친 나머지 잡았던 손이 풀리면서 수월이는 벼랑 밑 바다로 떨어지고 말았다.

누이를 부르며 17일 동안 한없이 흘리던 노꼬의 눈물은 샘물이 되어 바위틈을 흘러 약수터 '노꼬물'이 되고, 사람들은 이 오름을 노꼬물 오름(수월봉)이라 불렀다.

〈노꼬의 눈물〉

○ 갱도진지

태평양 전쟁 말기 수세에 몰린 일본은 천황제 유지를 위한 결7호 작전에 따라 제주도를 저항 기지로 삼고자 수월봉뿐만 아니라 제주도 전역에 수많은 군사 시설을 만들었다. 제주도 내 360여 개의 오름 가운데 갱도 진지 등 군사 시설이 구축된 곳은 120여 곳에 이른다.

동굴을 만드는 데 강제로 동원된 전라도 광산 기술자 800여 명을 비롯한 제주 사람들에게 변변한 장비나 먹을 것도 제공하지 않은 채 6개월 이상 노역을 시켰다고 하니 이는 부인할 수 없는 우리 선조들이 겪었던 고통과 참상의 현장이다.

수월봉 해안은 미군이 제주도 서쪽 끝 고산지역으로 진입할 경우 갱도에서 바다로 직접 발진하여 전함을 공격하는 일본군 자살특공용 보트와 탄약이 보관되어 있던 곳이다.

〈갱도진지〉

올레꾼이 쓴 제주올레길

고종달이 탄 배를 막았던 차귀도

차귀도(遮歸島)는 예로부터 대나무가 많아 대섬 또는 죽도, 또한 자귀나무가 많아 자귀섬으로 불려 왔으며, 천연보호구역으로 지정되어 있다. 1911년 좌씨 성을 가진 사람이 처음 입도하면서 8가구가 모여 살았으며, 1970년대 말까지 7가구가 보리, 콩, 참외, 수박 등의 농사를 지으며 살았으나 현재는 무인도로 남아 있다. 환상적인 노을의 섬 차귀도가 무인도로 변한 것은 1968년 김신조 간첩 사건 직후이다. 안보에 노출된 외딴섬인 이곳도 민간인들의 육지 이주 결정이 내려지면서 차귀도 역시 인적 끊긴 섬이 되었을 것으로 보인다. 당시 사람들이 살았던 집터와 연자방아, 빗물 저장시설 등이 남아 있다.

차귀도는 2개의 응회구와 여러 개의 분석구로 이루어져 있는데, 응회구가 먼저 만들어지고 그 내부에 분석구가 형성되었다. 이후 서쪽에서 또 다른 응회구와 분석구가 만들어지고 용암이 분출되었다. 최초의 차귀도는 지금보다 훨씬 컸지만 해수면 상승과 파도의 침식 작용으로 크기가 점차 작아졌다.

차귀도는 옛날 중국에 대항할 큰 인물이 날 것을 경계하여 제주의 지맥과 수맥을 끊은 고종달이가 중국으로 돌아가려 할 때, 한라산 수호신이 매로 변하여 갑자기 폭풍을 일으켜 배를 침몰시켰다. 고종달이 탄 배가 돌아가는 것(歸)을 차단했다(遮)고 하여 차귀도라 불렀다는 것이다. 차귀도(대섬)를 중심으로 지실이섬(죽도), 누운섬(와도) 외에도 상여섬, 생이섬, 썩은섬 등이 있다.

전설에 따르면 제주도를 만든 설문대할망은 5백 명의 아들을 두었는데 그중 차귀도에 있는 막내아들 바위를 장군바위라 부른다.

〈차귀도〉

〈차귀도〉

올레꾼이 쓴 제주올레길

신당이 있는 당산봉〔堂山烽〕

이 봉은 제주시 한경면에 위치하고 있고, 높이는 해발 148m, 비고 118m에 달한다.

당산봉은 얕은 바다에서 수중 분출된 후, 분화구 내부에 새로운 화구구(火口丘: 화산의 분화구 안에 새로 터져 나온 비교적 작은 화산으로 알오름 또는 알봉이라고도 한다.)가 생긴 이중화산체이다.

당산봉(堂山峰)의 본디 이름은 당오름으로, 당오름의 당(堂)이란 신당(神堂)을 뜻하는 말이다. 옛날 당오름의 산기슭에는 뱀을 신으로 모시는 신당이 있었는데 이 신을 사귀(蛇鬼)라 했다 한다. 그 후 사귀란 말이 와전되어 차귀가 되어 당오름은 차귀오름이라고도 불렸다고 한다.

당오름의 한자명은 당산봉(堂山峰), 당산(堂山), 당악(堂岳), 당악(唐岳), 당산봉(唐山峰), 차귀악(遮歸岳), 고산(高山), 고산악(高山岳), 고산봉(高山峰) 등 문헌에 따라 다양하다.

서쪽 봉우리에는 조선시대 당산봉수대가 있어 북으로 판포봉수, 남동으로 모슬봉수와 교신했었다.

〈당산봉〉

새들이 날아드는 생이기정바당길

당산봉 능선을 따라 구불구불 이어진 생이기정바당길은 생이('새'의 제주어)들이 날아드는 기정(절벽)에 나 있는 바당('바다'의 제주어)길이란 뜻으로 제주올레가 붙인 이름이다. 제주올레코스로 개발되기 전에는 인근 마을 주민들조차 잘 모르는 길로, 알음알음 귀동냥으로 강태공 몇몇만이 낚싯대를 메고 다니던 길이었다.

길 위에 올라 능선을 따라가다 보면 수십 미터 깎아지른 절벽이 눈 아래로 내려다보이고 눈이 시리도록 푸른 바닷물이 넘실거리는 모습은 혼자 보기에는 아까울 만큼 그 모습이 너무 아름답다.

바다를 집 삼아 날아다니는 갈매기들이 절벽 높이만큼 날아오르는 탓에 발아래로 갈매기들이 보인다. 겨울 철새의 낙원으로 가마우지, 재갈매기, 갈매기 등이 떼 지어 산다.

생이기정에는 가마우지를 흔히 볼 수 있다. 가마우지는 잠수성이 뛰어난 물새지만 기름샘이 없어 잠수를 한 후에는 깃털을 말리기 위해 주로 갯바위나 해안 절벽을 이용한다. 이때 깃털을 말리

〈생이기정바당길〉

면서 배설하는 습성 때문에 화산재 절벽이 배설물로 하얗게 변했다.

올레꾼이 쓴 제주올레길

액운을 막아 주는 용수리 방사탑

용수마을 포구에는 남쪽과 북쪽에 2기의 탑이 세워져 있다. 차귀도 인근 바다는 파도가 워낙 사나워 해난 사고가 많았기에 시체가 곧잘 이곳 포구로 밀려왔다고 한다. 이를 걱정한 주민들이 액을 막기 위해 이 마을에 방사탑을 쌓았다고 한다.

용수마을 방사탑 2호는 용수포구 왼쪽에 세워져 있다. 화성물 가까이에 있는 답(탑)이라고 해서 화성물답, 또는 화성물탑이라고도 불렀다. 탑 모양은 원뿔 모양이고 탑 위에는 새의 부리와 비슷한 길쭉한 모양의 돌을 서쪽을 향하게 하여 세워 놓았다. 방사탑 위에 세운 돌이 매의 부리 모양을 하고 있어 매조재기라고 부른다.

〈용수리 방사탑〉

김대건 신부가 표착했던 용수포구

지새개(와포: 瓦浦)라 불리는 용수 포구에는 성 김대건 신부 제주표착기념관이 있다. 한국 최초의 신부 김대건(1821~1846)이 1845년 8월 17일 상하이 금가항성당에서 페레올 주교로부터 사제 서품을 받아 귀국길에 서해바다에서 거센 파도로 반파된 배가 표류하다가 1845년 9월 28일 용수포구에 표착했다.

김대건 신부는 배를 수선한 후 출항하여 1845년 10월 12일 충남 강경 황산포구에 안착하여 각지를 순방하면서 비밀리에 신도들을 격려하고 전도하였다.

1846년 5월 국금을 어기고 해외에 유학한 사실과 천주교회의 중요한 지도자로 밝혀지자 1846년 9월 16일에 새남터에서 효수형으로 처형되었으며, 1984년 성인으로 선포되었다.

〈성 김대건 신부 제주표착기념관〉

올레꾼이 쓴 제주올레길

Tip 19. 수리대란?

수리대는 대나무의 일종으로 이대라고도 하며, 꽃이 피면 죽는다. 주로 잘사는
집 뒤쪽에 있고 방풍효과도 탁월하며, 바구니, 애기구덕, 종이연 등 생활용품을
만들고, 집에 제사가 있을 때 산적꽂이 용으로 많이 사용한다.
농지에 수리대만 있는 모습을 많이 볼 수 있는데, 이는 4·3 때 집이 불타 없어
져서 수리대만 남아 있든가, 또는 집터가 농경지로 바뀐 흔적을 보여 주고 있다.

〈수리대와 집터의 흔적〉

Tip 20. 방사탑 이야기

제주도 사람들은 마을의 특정 방위가 허술할 때 그곳으로 사악한 기운이 유입된다는 풍수지리설을 믿었다. 젊은이가 급사하고 동네에 변고가 생기는 원인이 된다는 것이다. 이 같은 불행을 미연에 차단하는 방책으로 주민들은 육지의 솟대나 장승 역할을 하는 돌탑을 쌓았는데 그것을 '방사탑'이라 부른다. 탑은 원통형이나 사다리꼴 또는 네모뿔 형태로 좌우, 남북 대칭으로 쌓는 것이 보통이다. 그 이름은 마을마다 여러 가지로 불리는데 '답', '답단이', '답데', '거욱·거왁', '거욱대' 등으로도 부르는데 근래에는 한자어로 방사탑(防邪塔)이라 하기도 한다. 대개 탑 위에는 까마귀와 같은 새나, 옹중석(翁仲石: 돌하르방) 모양의 자연석, 사람 얼굴 모양을 조각한 돌, 새 모양으로 만든 돌 등을 올려놓았다.

탑 속에는 밥주걱이나 솥을 묻어 두는데, 밥주걱은 솥의 밥을 긁어 담듯 외부의 재물을 마을 안으로 담아 들이라는 뜻이고, 솥을 묻는 것은 무거운 불에도 끄떡없이 이겨 내듯 마을의 재난을 없애 달라는 민간 신앙적인 의도를 담고 있다고 한다.

탑을 쌓을 때 맨 처음 돌을 얹는 사람은 명이 짧아진다는 속설이 있어 첫돌은 마을에서 가장 나이 많은 어르신이 첫 번째 돌을 올려놓는다고 한다.

올레꾼이 쓴 제주올레길

제주올레13코스

〈용수포구-저지예술정보화마을〉
(15.9km)

용수포구 간세를 출발하여 절부암을 지나서 용수저수지에 있는 철새를 보면서 풀 냄새가 물씬 풍기는 농로를 따라 낙천리 아홉굿마을을 지나 저지오름을 올라 한라산의 웅장함에 탄성을 지른 후, 저지예술정보화마을 안내소에 도착한다.

〈낙천리 아홉굿마을 타워에서 본 저지오름과 한라산〉

제주 고씨 표절비 절부암

1866년 대정현감(大靜縣監 또는 判官) 신재우(愼哉祐)는 용수포구 엉덕동산 바위에 감동 김응하(監董 金應河)에게 글씨를 쓰게하고 동수 이팔근(棟首 李八根)이 전서체(篆書體)의 큰 글씨로 절부암(節婦岩)이란 마애명을 각(刻)하게 했다.

절부암 바위 글씨 주변에는 판관 신재우찬(判官 愼哉祐撰)이란 글씨가 있고, 관(官)에서는 이들 부부를 합장한 후 그 넋을 위로하고자 이 마을 주민들로 하여금 매년 3월 15일에 제사를 지내도록 하여 현재까지 이어지고 있다.

〈절부암〉

Tip 21. 절부암 이야기

조선조 말 용수 마을에 열아홉 난 고 씨 처녀와 강사철은 원앙의 보금자리를 이루어 항상 쪼들리고 구차한 살림살이였지만 서로를 아끼고 사랑했기에 늘 행복했다. 농사일도 열심히 했지만, 겨울이 되어 한가하면 강사철이 차귀도에 태우를 타고 가서 대나무를 베어오면 고 씨 부인은 바구니를 만들어 팔며 가난한 신접살이 생계를 하고 있었다. 이듬해 어느 날 농사가 끝나 겨울이 되니 남편 강 씨는 예전처럼 태우를 타고 차귀도로 갔다.

대나무를 열심히 베다 보니 날은 저물고 날씨는 거칠어져서 바다는 강풍으로 거센 풍랑이 일고 있었다. 무섭긴 했지만 테우를 몰고 바다로 나갔는데 집채만 한 파도가 배를 덮치자 대나무 더미와 함께 흔적도 없이 파도 속으로 사라졌다. 아침이 되자 아내는 남편의 시신을 찾아 14일 동안 바닷가를 샅샅이 뒤지면서 눈물의 나날을 보내다 용수포구 엉덕동산 팽나무에 목을 매어 남편 뒤를 따랐다.

삼일장이 끝나던 날, 남편의 시신이 아내가 목을 맨 엉덕동산 아래 떠올라 왔다. 아내의 순절, 하늘나라에서의 재회에 감동한 마을 사람들은 하늘이 낸 열녀라 칭송하며 이곳 당오름 양지바른 기슭에 함께 묻혔다. 1866년 대정현감 신재우는 고 씨가 목맨 바위에 절부암(節婦岩)이란 마애명을 새기게 하고 부부를 합장하였다.

올레꾼이 쓴 제주올레길

올레꾼들이 기도할 수 있는 순례자의 교회

이 교회는 1948년 6월 18일 고산에서 화순교회로 순회 예배 가다가 4.3 무장대에 잡혀 죽임을 당한 이도종 목사의 순교 정신을 기려, 2011년 3월 완공한 제주도에서 가장 작은 교회다.

예배는 없지만 항상 열려 있어 제주올레 순례자들에게 기도를 할 수 있는 공간을 마련해 주고 있다.

〈순례자의 교회〉

철새들의 보금자리 용수저수지

　　1957년 인근 논에 물을 대기 위해 제방을 쌓아 만든 인공저수지로 소나무 숲과 갈대밭 등이 어우러져 망망하고 아름다운 풍경을 갖게 되었다. 또한 겨울을 지내러 찾아오는 철새들의 보금자리로 더욱 유명하다.

　저수지 주변 버려진 논 등에 자리한 습지는 수생식물, 습생식물 등과 곤충, 조류, 포유류 등 여러 종류의 동식물이 자라는 습지 생태 보고이다. 이곳에서는 환경부 지정 멸종위기 1등급인 노랑부리백로, 저어새, 매와 천연기념물인 원앙, 새매, 황조롱이 그리고 환경부 지정 멸종위기 2등급인 물수리, 말똥가리, 항라머리검독수리 등 여러 새들도 만날 수 있는 곳이다.

〈용수저수지〉

올레꾼이 쓴 제주올레길

아홉 가지 좋은 일이 있는 아홉굿마을

마을은 분지형의 대지에 점토질의 땅을 가졌다. 물이 잘 고여 350년 전 제주 최초의 불미업(대장간)이 들어섰다. 조물의 틀을 만드는 데 필요한 점토를 파내면서, 그 구덩이에 물이 고여 아홉 개의 굿이 되었다. '굿'은 '우물'이란 뜻의 제주어로 아홉 개의 우물이 있어 '아홉굿마을'이라 한다. 지금 이 우물들은 민물낚시와 농업용수로 사용되고 있다.

예전에는 조수리의 서쪽에 있는 샘 마을이라 하여 서사미, 서천미, 또 샘이 풍부하다 하여 낙천(樂泉) 또는 낙세미로 불렸다. 후에 천 가지 즐거움의 낙천(樂千)으로 바뀌었다.

〈아홉굿마을〉

현재는 1천 개의 즐거움을 올레꾼들과 함께하기 위하여 1천 개의 각기 다른 의자들이 도란도란 모여 앉아 있다. 마을에 들어서기 한참 전 마을 입구의 거대한 의자를 볼 수 있는데, 마을을 대표하는 3층 높이의 거대한 의자로 의자 안에 의자들이 들어앉은 모양새다.

아홉굿마을을 방문하는 올레꾼들에게 편안하게 쉬어감은 물론 아홉 가지 좋은 일(아홉 Good)들이 항상 생기기를 바라는 쉼팡마을이 되고 있다.

닥나무가 많았던 저지오름

　　　이 오름은 제주시 한경면에 위치하고 있고, 높이는 해발 239m, 비고 100m에 달하며, 깊이 62m인 굼부리를 가지고 있다.

　저지오름은 한경면의 중산간 허허벌판에 우뚝 서서 모진 하늬바람으로부터 마을을 감싸주고 있는 한경면 10개 오름 가운데 가장 의젓하고 균제미 갖춘 오름이다.

　저지봉(楮旨峰)은 마을 이름이 저지(楮旨)로 되면서부터 생긴 한자명으로, 옛 이름은 닥나무가 많았다고 해서 닥모르오름, 또한 오름 비탈에 오름허릿당이 있어서 당모르 또는 당모로오름이라고도 한다.

　또한 산 모양이 새 주둥이 같이 생겼다는 것으로 일명 새오름이라고도 한다. 바깥 사면이 거의 소나무 숲인 데 비해 분화구 내부는 낙엽수와 상록수가 섞인 자연림으로 실제 새들이 많이 와 깃을 틀기도 한다.

　옛날엔 초가집의 지붕을 덮는 띠(새)가 많았다지만 지금은 칡 같은 덩굴식물이 뒤엉킨 채 밀림을 이루고 있다. 오름의 북서쪽 사면을 따라서는 공동묘지가 조성되었고, 남서쪽엔 이곳 사람들이 가매창이라 부르는 커다란 가마솥 모양의 움푹 파인 신비로운 구덩이가 눈길을 끈다.

　제주의 숱한 오름 중에서 이처럼 동그랗게 원을 그리는 깊은 굼부리를 가진 오름은 산굼부리와 다랑쉬오름, 비양봉 등이며, 굼부리 안까지 내려갈 수 있는 곳은 저지오름뿐이다.

〈저지오름〉

〈저지오름 원경〉

Tip 22. 여자가 많다는 이야기

제주도는 삼다도로 알려져 있다. 바람, 돌, 여자가 많다는 것이다. 바람이나 돌이 많다는 것은 다 아는 사실이다.

제주도에 여자가 많은 이유는, 제주도가 원나라에 예속되었던 몽골 지배 100년 동안 많은 남자들이 징발되어 간 뒤 제주로 돌아오지 않아서였다.

또한 제주도가 큰 바다 가운데 있어 파도가 흉포하여 포작갔던 남자들이 빠져 죽어서 여자들이 많았다. 그래서 남자는 무덤이 적었고 아들을 낳으면 물고기 밥이 될 거라고 하면서 서운해했다. 여자들은 남자들이 할 일인 곡식 장만이며 땔감 마련은 물론 남성 대신 성을 지키는 일까지 한다고 여정이라는 말까지 생겼다.

남자들이 적고 여자들이 많기 때문에 수십 명의 아내를 거느린 남자들도 있었다. 가난한 남자도 최소한 아내가 열 명은 되었다고 한다.

시골 외딴곳에 사는 여자들은 배우자가 없어서 매년 3월 원병이 입도할 때가 되면 곱게 단장하고 술을 가지고 별도포(別刀浦)에서 기다리다가 병사에게 술을 권하고 자기 집에 데리고 가서 같이 지낸 후 8월이 되어 방어 임무를 마치고 돌아갈 때 따라가서 전송하곤 했다고 전해진다.

또한 한 집에 아들 열 명이 태어나도 호적에는 여자로 올려서 장정을 누락시키기도 했기 때문에 여자가 더 많은 것처럼 보였다고 한다.

제주올레14코스

〈저지예술정보화마을-한림항〉
(19.1km)

저지예술정보화마을 안내소를 출발하여 풀 냄새가 물씬 풍기는 농로를 따라 월령 선인장마을을 지나 바닷바람이 시원한 해안길을 걸어 금릉해수욕장과 협재해수욕장을 거쳐서 한림항 비양도 선착장 안내소에 도착한다.

〈금릉해수욕장과 비양도〉

한국에서 유일한 선인장 자생지역 선인장마을

월령리는 한국에서 유일하게 선인장이 자생하는 지역으로 마을 입구에서부터 어마어마한 규모의 선인장 군락지가 펼쳐지며 이색적인 풍경을 연출한다.

손바닥선인장으로 불리는 백년초는 지구상에 400여 종이 있는데 열매가 달린 선인장은 식용이나 약용으로 이용된다. 매년 4~5월경 작고 파란 열매가 열리고 6~7월경 노란 꽃이 핀다. 11월경 꽃이 떨어지면 열매는 통통해지고 보라색으로 변한다.

열매를 깨물어 맛을 보려 해도 작은 가시가 많아 돌에 잘 문질러야 한다. 속은 겉보다 더 짙은 보랏빛을 띠는데 씨가 많다. 선인장에는 100가지 병을 고친다는 설과 이것을 먹으면 100년 동안 산다는 설이 있다.

이곳 선인장은 선인장 씨앗이 원산지인 멕시코에서 쿠로시오 난류를 타고 이곳 모래땅이나 바위틈에 기착한 것으로 알려지고 있으며, 건조한 날씨와 척박한 토양에 강하여 가뭄에도 고사하는 일이 없다.

〈선인장〉

4·3 유적 무명천 할머니 삶터

　　무명천 할머니로 불린 진아영(1914~2004)은 해녀로 일하면서 오빠 내외의 일도 돕는 평범한 삶을 살고 있었으나, 4·3 사건이 발생하고 고향 마을에 난입한 남로당 무장대를 소탕하기 위해 작전 중이던 신원 불상의 토벌대가 발사한 총에 얼굴을 맞았다. 구사일생으로 목숨은 건졌으나 아래턱은 소실되는 중상을 입었다. 평생을 말도 제대로 못 하고 음식도 제대로 섭취 못 하는 불편한 삶을 살면서 부상당한 아래턱을 하얀 무명천으로 가렸는데 이로 인해 '무명천 할머니'로 불렸다.

〈무명천 할머니 삶터〉

탐라의 만리장성 (월령)환해장성

환해장성[28]은 제주도에서만 볼 수 있는 독특한 해안 방어 시설로 고려에서 조선까지 600여 년의 역사를 간직하고 있다.

삼별초를 막으려고 고려군이 쌓았던 돌담, 이어서 고려군을 막으려고 삼별초가 더 견고하게 쌓아 올린 돌담 성벽인 환해장성이 세월이 지난 후에는 일본 왜구들을 막아 주는 방패막이가 되었다.

제주 해안에는 모두 28개의 환해장성이 남아 있었지만, 이들 중 상태가 양호한 열 군데만 지방문화재로 관리되고 있다.

김상헌의 『남사록』에는 '바닷가 일대에는 석성을 쌓았는데 길게 이어져 끊어지지 않았다. 온 섬을 돌아가며 곳곳이 모두 그렇게 되어 있는데, 이것을 탐라 때 쌓은 만리장성이라고 한다'고 되어 있다.

〈(월령)환해장성〉

---

28) 제주올레10코스 제주도의 방어 유적 참조

금릉리

탐라국이 개국된 이래로 삼국시대를 거치면서 고려국의 군현제에 귀속된 이후 이곳에도 사람이 살기 시작하였다. 마을 중간에 잔과 같은 동산이 있어서 배령리라 칭하였으며, 배령과 버령(벌레)이 발음과 유사하여 금릉리로 개명했다. 이는 중국 금릉시에 커다란 소양호가 있어서 소양(소황)물이 있는 배령리를 금릉리(金陵里)로 개명했다고 한다.

〈금릉리 해변〉

올레꾼이 쓴 제주올레길

탐라의 만리장성 (금릉)환해장성

환해장성[29]은 제주도에서만 볼 수 있는 독특한 해안 방어 시설로 고려에서 조선까지 600여 년의 역사를 간직하고 있다.

삼별초를 막으려고 고려군이 쌓았던 돌담, 이어서 고려군을 막으려고 삼별초가 더 견고하게 쌓아 올린 돌담 성벽인 환해장성이 세월이 지난 후에는 일본 왜구들을 막아 주는 방패막이가 되었다.

제주 해안에는 모두 28개의 환해장성이 남아 있었지만, 이들 중 상태가 양호한 열 군데만 지방문화재로 관리되고 있다.

김상헌의 『남사록』에는 '바닷가 일대에는 석성을 쌓았는데 길게 이어져 끊어지지 않았다. 온 섬을 돌아가며 곳곳이 모두 그렇게 되어 있는데, 이것을 탐라 때 쌓은 만리장성이라고 한다'고 되어 있다.

〈(금릉)환해장성〉

---

29) 제주올레10코스 제주도의 방어 유적 참조

용천수

용천수란 대수층을 따라 흐르는 지하수가 암석이나 지층의 틈을 통해 지표면으로 솟아나는 곳을 의미하며, 대부분 용암류의 말단부나 지질 경계부, 하천의 절벽이나 벼랑, 요철 지형의 오목지, 오름 기슭 등에 위치한다. 이는 중력의 지배를 받으며 유동하던 지하수가 갑작스러운 지형 변화로 지하수면이 지표에 노출됨으로써 생겨나는 현상이다.

○ 단물깍

단물깍은 해변에서 물이 빠져나가는 간조에는 소금기가 많아 먹을 수 없었지만, 만조가 시작되면 단맛이 난다고 하여 예부터 장수코지 주민들이 단물깍이라고 불렸다.

〈단물깍〉

예전 상수도가 없을 때 바다에 용천수를 가둬서 주민들이 우물처럼 사용한 곳으로 한쪽은 식수로 사용했고, 다른 쪽은 목욕 및 생활용수로 사용하였다고 한다. 지금은 올레꾼 및 지역 주민들의 물놀이 후 간단하게 씻는 장소로 이용되고 있다.

○ 바른물

이 물은 옛 모습이 잘 보존된 용천수로 비양도가 한눈에 보이는 마을 중심 바닷가에 위치하여 과거 오랫동안 식수로 사용되어 왔다. 지금은 올레꾼 및 지역 주민들의 물놀이 후 간단하게 씻는 장소로 이용되고 있으며, 올레길을 걷다 잠깐 짬을 내어 발을 담그고 주변 옹포 포구와 비양도의 석양을 감상하는 것도 좋을 것이다.

〈바른물〉

천년의 섬 비양도

　　『고려사』및『고려사절요』등의 기록에 의해 1002년에 있었던 화산 분출을 비양도 화산 활동으로 간주하는 사람들은 비양도를 천년의 섬으로 불린다.

　　그러나 현재와 같은 해수면에서 바닷물을 뚫고 올라온 뜨거운 마그마가 용암과 스코리아(scoria)로 이루어진 현재의 비양도를 만들었다는 것은 지질학적으로 받아들이기 곤란하다.

　　최근 실제 지질조사 결과 한반도와 제주도가 연결되었던 빙하기 시대인 26,000년 전에 화산이 폭발한 것으로 증명되어 비교적 오래전 오름이라 한다.

　　비양도는 용암 분출에 의해 형성된 비양봉 조면현무암과 스코리아 분출에 의해 형성된 비양봉 분석구로 구성되어 있다. 비양도에서만 볼 수 있는 호니토(hornito)는 물론 거대한 화산탄, 스코리아, 집괴암, 아아 용암동굴 등도 볼 수 있다. 또한 호니토 분포지에서 해안을 따라가면 고구마 모양의 커다란 암석 덩이들이 나타나는데, 이 암석덩이가 화산 분출 때 나온 화산탄으로 비양도에서만 볼 수 있다.

　　비양도에서 신석기 유적이 발견되었고, 한때 화살을 만드는 대나무 즉 시누대가 많이 자란다고 해서 대섬으로 불리기도 했다. 비양봉 분화구 안에는 한국에서 유일하게 비양나무가 자생하고 있다.

　　날아온 섬이라는 비양도(飛揚島)는 섬이 중국에서 떠내려오다가 사람들이 놀라서 멈추라고 소리치자 그 자리에 멈춰 섰다는 전설 같은 이야기가 전해 온다.

〈비양도〉

〈비양도〉

액운을 막아 주는 옹포리 방사탑

　　　방사탑[30]은 원통형이나 사다리꼴 또는 네모뿔 형태로 좌우, 남북 대칭으로 쌓는 것이 보통이다.

　탑 속에는 밥주걱이나 솥을 묻어 두는데, 밥주걱은 솥의 밥을 긁어 담듯 외부의 재물을 마을 안으로 담아 들이라는 뜻이고, 솥을 묻는 것은 무거운 불에도 끄떡없이 이겨 내듯 마을의 재난을 없애 달라는 민간 신앙적인 의도를 담고 있다고 한다.

〈옹포리 방사탑〉

---

30)　제주올레12코스 방사탑 이야기 참조

명월포 전적지 옹포

      지형이 항아리 모양이라고 하여 이름 붙여진 옹포포구의 옛 이름은 독개로 '독'은 항아리의 제주어다.

  삼별초의 난[31]과 목호의 난[32] 때 상륙전을 치른 역사가 남아 있는 전적지로, 1270년 11월 이문경 장군은 삼별초의 선봉군을 이끌고 이곳으로 상륙하여 고려 관군을 무찔러 승리함으로써 처음으로 제주를 점거하게 되었다.

  1374년 8월에는 최영 장군이 314척의 전선에 25,605명의 대군을 이끌고 상륙하여 몽고의 목호 3,000기(騎)를 무찌른 격전의 땅이다.

〈명월포 전적지〉

31)   제주올레16코스 삼별초의 난이란? 참조
32)   제주올레7코스 목호의 난이란? 참조

명월현 소재지

　　명월현은 동쪽의 김녕현과 같이 제주목(濟州牧) 관내로 중요한 행정, 교육, 국방의 요충지였다. 조선시대에 좌방(左舫) 3개 처인 화북포, 조천포, 어등포와 우방(右舫) 4개처인 벌랑포, 도근천포, 애월포, 명월포는 각기 수전소(水戰所)가 설치되었는데, 이곳에도 전선을 배치하고 군인을 주둔시켰으며, 물류를 수송하던 중요한 요새지였다. 농토로 개발되면서 토사가 밀려와 포구로서 쓸모가 없어졌다.

〈명월리 포구〉

올레꾼이 쓴 제주올레길

Tip 23. 올레란?

제주도 전통민가(傳統民家)에서 빼놓을 수 없는 독특한 구조 중 하나는 올레다. 제주에서는 집터가 한길과 접해 길을 향해 바로 문을 틀 수 있어도, 완만한 곡선형으로 휘돌아가게 만들거나 집터와 고저차(高低差)를 둠으로써 외부의 시선을 차단해, 고유의 사적 공간으로서의 주택의 기능을 살려 준다.

중산간 마을에서 많이 볼 수 있고, 집으로 들어가는 입구 양편 좁은 길에 돌담을 쌓아 골목처럼 만든 길로, 즉 한길에서 대문까지 들어오는 좁은 골목을 일컫는다. 올레 양쪽에는 1.5~2m 높이로 다듬지 않은 제멋대로의 돌을 올려 올레담을 만들었다. 그래서 올레담에는 여기저기서 틈이 보인다. 이렇게 성글게 쌓아 금방 무너져 내릴 것 같지만 오히려 제주의 거센 바람에 강하다. 굽이쳐 도는 올레를 따라 쌓은 올레담은 집으로 들이치는 바람의 속도를 누그러뜨려 주택을 바람으로부터 안전하게 해 준다.

〈올레〉

Tip 24. 출륙금지령(出陸禁止令) 이야기

조선시대 500년간 제주 사람들은 관료와 토호들의 수탈과 횡포가 여름밤 모기 떼들처럼 극성을 부렸고, 바위투성이 척박한 밭을 일궈봐야 반복적인 흉년에 기근을 피할 수 없는 숙명이었다. 왜구들 노략질이 기승을 부려도 관아는 멀었고 전복이나 귤 등 진상품 양은 한도 끝도 없었다.

이판사판 심정으로 제주를 탈출하여 거친 바다로 나가 남해안 일대를 떠돌며 유랑민의 삶을 살았다. 제주도 인구가 크게 줄어들자 조선 정부에서는 인구 이탈을 방지하기 위해 비변사의 요청으로 도민에게 1629년부터 1834년까지 약 2백 년간 '제주인들은 특별한 목적이 없는 한 바다 건너 육지로 나가선 안 된다.'라고 하는 출륙금지령(出陸禁止令)을 내린다. 특히 제주의 여인들은 월해금법(越海禁法)이라 하여 바다를 건널 수 없을 뿐만 아니라 육지 남자와의 혼인 금지를 국법으로 정해 여인의 출륙을 특별히 금하였고, 과거 응시자와 공물 운반 책임자 등은 조천포구와 별도포구를 이용하도록 했다.

육지부와의 자유로운 왕래가 억제됨으로써 새로운 문물 유입이 어려워지고 항해 기술과 배를 만드는 선박 기술의 퇴보, 생업 기반의 취약 등 많은 영향이 발생했다. 제주도민은 바깥출입을 통제당하면서 바다에 떠 있는 감옥에 갇힌 유배인 생활이나 다름없는 고초를 겪었다. 또한 파견된 관리들의 비리를 알릴 기회가 적어 삶이 더 어려워졌다. 그렇지만 제주의 고유성인 제주어가 살아남았고, 제주 민간신앙을 비롯한 제주의 풍속이 보존될 수 있었다.

올레꾼이 쓴 제주올레길

제주올레14-1코스

(저지)곶자왈

문도지오름

볏바른궤

제주백서향 군락지

〈저지예술정보화마을-오설록녹차밭〉
(9.3km)

저지예술정보화마을 안내소를 출발하여 저지곶자왈을 지나
문도지오름에 올라 한라산의 웅장함에 탄성을 지른 후, 백서
향 군락지를 거쳐서 오설록녹차밭 간세에 도착한다.

〈문도지오름〉

가시덤불이 우거진 (저지)곶자왈

곶자왈은 곶과 자왈의 합성어로 된 제주어로서, '곶'은 숲을 뜻하며, '자왈'은 나무와 덩굴 따위가 마구 엉클어져서 수풀 같은 곳으로 표준어의 덤불에 해당한다. 곶자왈은 돌무더기로 인해 농사를 짓지 못하고, 방목지로 이용하거나, 땔감을 얻거나, 숯을 만들고, 약초 등의 식물을 채취하던 곳으로 이용되어 왔으며, 불모지 혹은 토지이용 측면에서 활용 가치가 떨어지고 생산성이 낮은 땅으로 인식되었다.

곶자왈 용암의 대부분은 10,000년 전후에 발달했고, 곶자왈 내 용암이 만들어 낸 요철(凹凸) 지형은 지하수 함양은 물론 다양한 북방한계 식물과 남방한계 식물이 공존하는 숲을 이루어, 생태계의 허파 역할을 하고 있다. 나무들은 뿌리가 깊지 않고 지표를 따라 횡적으로 발달하며, 빛의 양이 적고 습도가 높아서 이끼류와 고사리류들의 천국이다.

곶자왈 지대에 대한 관심은 지하수 분야뿐만 아니라 동식물 등 생태 분야로까지 확대되면서 학술적 가치 및 보전의 필요성에 대해 사회적 공감대가 형성되었다. 이를 바탕으로 곶자왈공유화재단 설립과 공유화 운동, 그리고 곶자왈 지대 내 사유지 매입 등 다양한 보존 활동이 활발히 전개되고 있다.

곶자왈은 생태적 가치뿐만 아니라 울창한 숲과 궤, 동굴이 있고, 가까이 마을이 있어 주민들이 피난처뿐 아니라 무장대의 근거지, 때로는 토벌대의 주둔지가 되기도 하였다.

또한 곶자왈은 화산 분출 시 점성이 높은 용암이 크고 작은 바윗덩

어리로 쪼개지면서 요철 지형으로 쌓여 지하수 함양 역할을 해줘 나무, 덩굴, 암석 등이 서로 뒤섞여 수풀처럼 무성히 자라는 숲으로, 세계에서 유일하게 열대 북방한계 식물과 한대 남방한계 식물이 공존하는 숲이다.

곶자왈의 지질학적 특징으로, 첫째는 크고 작은 암괴(지름 64mm 이상)가 많고, 둘째로 클링커(Clinker)라 불리는 적토색을 띠는 자갈 크기의 암편이 많으며, 셋째는 주변보다 다소 높은 언덕처럼 생긴 곳의 갈라진 틈에 나무들이 자라며, 넷째로 암괴들이 쌓여 있는 곳은 수 미터 높이의 능선을 이루고 능선과 능선 사이는 낮은 골짜기를 이룬다는 것이 있다.

가시덤불이 우거져 쓸모없는 땅으로 불모지였기에 누구도 관심 없었기에 잘 보존되고 있으며, 가시덤불로 인해 들어가기 어려웠던 저지곶자왈에도 올레길이 만들어져 일반인에게 공개되고 있다.

〈(저지)곶자왈〉

묻은 돼지 같다는 문도지오름

이 오름은 제주시 한림읍, 한경면에 위치하고 있으며, 높이
는 해발 260m, 비고 50m에 달한다.

문도지오름은 죽은 돼지의 모습 같다고 해서 문도지(묻은 돝이)로
알려졌는데, 문돗이오름, 문도악(文道岳) 등 여러 이름으로 불린다.

저지리에서 정물오름에 이르는 지역은 제주를 대표하는 곶자왈 지
역으로, 무인지경의 곶자왈 지대는 보는 것만으로도 무한한 감동을
준다. 생명의 숲으로 통하는 숨 쉬는 땅 곶자왈의 깊은 곳에 문도지
오름이 있다.

풍수지리학적으로 문도지오름은 죽은 돼지 형태라고 일컫는데, 죽
은 돼지 형태는 좋은 땅이 아니라서 예부터 묘를 쓰지 않으며 밭도 경
작하지 않는다고 한다. 그러나 최근에는 묘도 있고 기슭에는 돌아가
면서 밭들도 경작되고 있다.

〈문도지오름〉

4·3 유적 볏바른궤

　　제주도민들이 오래전에 이용했던 주거용 동굴 유적이다.
'볏바른궤'는 '햇빛이 잘 드는 작은 규모의 바위굴'을 뜻하는 제주어로
곶자왈 여러 곳에서 발견되었다.

　남북으로 길게 이어지는 터널형 용암동굴로 동굴과 이어지는 여러
개의 가지굴이 동서 방향으로 자리하고 있다. 여기에서는 탐라시대,
조선 시대뿐 아니라 4·3 유물로 보이는 탄피와 옹기편 등 그릇 유물
이 발견되었다.

〈볏바른궤〉

진한 향기가 매력적인 제주백서향 군락지

제주백서향은 팥꽃나무과의 상록 소관목이다. 꽃은 백색이고 잎은 상록성이며 긴 꽃받침 통을 가져 백서향과 유사하지만, 제주백서향은 꽃받침 통과 열편에 털이 없고 장타원형(점첨두) 잎을 가지고 있다.

제주백서향은 제주특산식물로 학술적인 가치가 매우 높으며 이른 봄 곶자왈 숲을 진한 향기로 채워 주는 매력적인 식물로 관상적인 가치도 매우 높다. 또한 곶자왈을 대표하는 관목 중 하나로 곶자왈 지형 지질적인 특성과 식생 연구에도 중요한 역할을 하고 있어 지속적인 연구와 관심이 필요한 식물이다.

제주도의 동부지역 곶자왈(선흘, 동복, 김녕 등)과 서부지역 곶자왈(저지, 무릉 등)에만 분포하고 있는 제주특산식물로 상록활엽수림 또는 침엽수가 혼재하는 숲의 가장자리에 주로 자란다.

〈제주백서향〉

〈문도지오름에서 본 한라산〉

〈오설록 녹차밭〉

올레꾼이 쓴 제주올레길

제주올레15A코스

〈한림항-고내포구〉
(16.5km)

한림항 비양도 선착장 안내소를 출발하여 A, B코스 갈림길에서 중산간 마을 풀 냄새가 물씬 풍기는 농로를 걷고 납읍리 금산공원을 거쳐서 과오름과 고내봉 능선을 지나 고내포구 안내소에 도착한다.

〈고내포구 가는 길〉

제비들이 노는 영새샘물

　　암반 위에 고여 있는 연못으로 깊은 곳은 1m가 넘는다. 옛날 이 연못 자리의 찰흙을 파서 집을 짓자 자연스럽게 물통이 생기고 물이 고였다. 제비들이 찾아와 노니는 모습을 보러 마을 사람들이 자주 찾았던 곳으로 염세서물, 영서생이물, 영새성물, 영세성물이라고도 부른다.

〈영새샘물〉

선비들이 활쏘기 장소였던 사장밭(射場田)

　　마을의 관전(官田)으로 옛 선조들이 활쏘기 장소로 사용하였던 곳이다. 북쪽은 평평한 양지빌레가 있고 남쪽으로 15m 정도의 구릉으로 되어 있어 활을 쏘았을 때 바람의 방향이나 화살로 인한 위험이 없어 활터로는 알맞은 지형이었다.

　　우리 선조들은 학문뿐만 아니라 문무를 겸비한 인재를 양성하는 활터를 만들어 심신을 단련하였고, 무과에 급제하는 뒷받침의 힘이 되어 많은 인재를 배출하였다. 1884년까지 대림리의 행정관할인 한림리, 수원리, 상대리 사람들이 무예를 연마해서 마을에 명성을 드높였다고 한다.

〈사장밭〉

과거를 거두는 마을 납읍리

　　1727년 납읍리(納邑里) 출신 변시중은 문과에 합격하고 전라도 현감과 성균관 박사를 거쳐 호조 참판까지 지낸 인물로 말년에 관직에서 물러나 제주에 와서 귤림서원장으로 후생 교육에 힘썼다.

　　1763년 변시중의 제자 3인(김형중, 변성우, 변성운)이 동반 과거 급제를 하면서 과거를 거두는 마을이라는 의미로 과납(科納)이라 불렀다. 그러다가 제주 목사 소두산이 제주를 순력하던 중 이 마을 지형지세가 고을을 형성할 만하다고 하여 납읍(納邑)이라고 부르게 되었다.

〈납읍리 마을〉

수려한 경관을 자랑하는 금산공원

　　납읍리 난대림은 금
산공원(錦山公園)이라 불리
며 한라산 서북쪽 노꼬메오
름에서 솟은 용암이 애월곶
자왈의 끝자락인 납읍 난대
림까지 이어졌는데, 온난한
기후대에서 평지에 남아 있

〈금산공원〉

는 1만 3천여 평의 보기 드문 상록수림이다.

　　납읍에 불이 자주 나고 못된 병이 번져서 젊은이가 많이 상하므로,
어느 도사가 보기 흉한 돌무지 지형 때문에 북쪽에서 사악한 기운이
곧바로 들어오는 까닭이라 했다. 마을 사람들이 후박나무와 동백나
무, 종가시나무, 아왜나무 등 200여 종의 상록수를 심어서 험악한 바
위를 보이지 않게 하자 마을이 평온해졌다고 한다.

　　금산은 서쪽 금악봉의 불의 기운을 누르기 위해 나무 벌목을 금지
하는 금산(禁山)이었다가, 지금은 수려한 경관으로 비단금을 쓴 금산
(錦山)이다. 그래서 다른 곶자왈의 나무들은 벌채 후 식재해서 굵지
않지만, 금산공원의 나무는 엄청나게 굵다.

　　공원 내에는 납읍리 마을제를 위한 포제단(酺祭壇)이 있고, 예로부
터 양반들이 시를 짓거나 담소를 나누던 곳으로 송석대(松石臺)와 인
상정(仁庠亭)이 있다.

4·3 유적지 유성

4·3이 발발하여 1948년 11월 17일 소개령이 내리자 마을 주민들은 정든 고향을 버리고 인근 해변 마을로 피난을 갔다가 1949년 4월 29일 소개령이 해제되자 주민들은 돌아오게 되었다.

그러나 치안 상태가 극도로 불안하여 무장대들의 잦은 출몰로 가옥이 방화당하고, 소, 말, 양식 등이 약탈당하자 유성(遺城)을 쌓아 무장대를 방어하기로 하여 온 마을 주위를 원형으로 한 바퀴 쌓았으며, 성 높이는 약 4m이고 25개의 초소를 만들어 사람이 출입을 철저하게 통제했다. 둘레성은 사라지고 북문~빌레못경 사이 약 300m만이 남아서 당시 참혹한 상황을 묵묵히 지켜 주고 있다.

〈4·3 유적지 유성〉

소가 누워 있는 모습 과오름

이 오름은 제주시 애월읍에 있으며, 높이는 해발 165.8m, 비고 160m에 달한다.

곽오름이라 했던 원래 이름에서 'ㄱ'이 탈락하여 과오름이 된 것으로 보인다. 또한 소가 누워 있는 형체라 하여 와우봉(臥牛峰)이라 했고 와우오름에서 와오름이 된 것으로 보인다.

해수욕장으로 이름난 곽지리와 금산공원으로 이름난 납읍리 사이에 가로누운 숲산으로 곽지는 서쪽, 납읍은 남동쪽이 되며, 북녘 자락이 뻗어 나간 끝이 애월이다.

솔잎이 소복이 깔린 숲 비탈은 눈 비탈만큼이나 미끄럽다. 옛날 땔감으로 그만인 솔똥(솔방울)도 엄청나게 뒹굴고 있지만 이제는 거들떠보지도 않는 세상이 되었다.

〈과오름〉

고래등에 비유되는 고내봉(高內烽)

이 오름은 제주시 애월읍에 있으며, 높이는 해발 175.3m, 비고 135m에 달한다.

고니오름, 고노오름이라 부르는데, 북쪽의 주봉 망오름을 중심으로 남서쪽봉우리 너븐오름, 남쪽봉우리 상뒷오름, 서쪽봉우리 방애오름, 남동쪽봉우리 진오름까지 다섯 봉우리로 이뤄진 복합화산체다. 북쪽이 가파르고 남쪽 사면은 완만하게 흘러내리는 지형이다. 고내오름은 등허리가 둥그스름하게 넓어서 솔잎에 덮인 고래등에 비유되기도 한다.

고내봉에는 조선 때 제일 북쪽 주봉 꼭대기에 봉수대가 있었고, 속칭 망오름이라고도 하며, 북동쪽의 수산봉수, 남서쪽의 도내봉수와 교신했었다.

〈고내봉〉

용천수 우주물

　　고내포구에 있는 마을에서 용출되는 용천수로 포구에 접해
있어 밀물일 때는 짠물이 나오며 오랜 세월 마을 사람들에게는 귀중
한 샘이었으나, 지금은 주로 빨래터로 사용한다.

　우주물이라 함은 '우' 자는 언덕 사이 물 우 자이고 '주' 자는 물놀이
칠 주 자이다. 즉 이 물은 언덕 사이로 흘러나오는데 이 물에서 물놀
이를 친다는 뜻으로 해석하기도 한다.

〈우주물〉

　　　　　　　　　　　　　　　　　　올레꾼이 쓴 제주올레길

Tip 25. 산담 이야기

제주도에 있는 많은 돌을 이용하여 말과 소의 침입을 막고, 진드기를 잡기 위한 방화의 피해를 예방하기 위해서 산담을 쌓는다. 또한 산담은 농사를 위한 비옥한 땅의 부족으로 인한 토지 분쟁을 피하기 위해서다. 산담의 크기로 망인 후손의 경제력을 표시하기도 한다.

산담에는 신문(神門) 또는 신도(神道)라고 하는 영혼 즉 귀신이 왕래하는 출입구가 있다. 남자인 경우 왼쪽에, 여자는 오른쪽에 신도를 두었다. 출입구가 없는 곳은 발을 디딜 수 있는 계단을 만들기도 한다. 출입구는 삶과 죽음은 서로 떨어질 수 없다는 제주인의 내세관을 보여 준다.

〈산담〉

Tip 26. 밭담 이야기

밭의 경계를 명확하게 하고 바람에 의한 흙의 유실을 방지하고, 마소의 침입으로부터 밭을 보호하며 경작면적을 넓히는 효과를 가져왔다.

태풍 등이 지나면 밭두렁이 없어 사나운 사람들이 남의 땅을 제 것으로 만들어 버리는 분쟁을 해결하고자 고려시대 제주 판관 김구가 각 지역에 명을 내려 담을 쌓게 하여 해결하였다고 한다.

〈밭담〉

제주올레15B코스

〈한림항-고내포구〉
(13.0km)

한림항 비양도 선착장 안내소를 출발하여 A, B코스 갈림길에서 바닷바람이 시원한 해안길을 걷고 영등 신화마을을 지나서 곽지해수욕장과 한담해안을 거쳐서 고내포구 안내소에 도착한다.

〈곽지해수욕장〉

영등올레가 있는 영등할망 신화공원

아름다운 포구 귀덕 복덕개에서는 옛적부터 영등할망이 제주에 들어오는 것을 환영하는 영등신맞이가 마을 당굿으로 성대하게 치러졌다. 때문에 귀덕 복덕개는 영등할망과 할망을 수행하여 따라온 영등신들이 모두 모여오는 곳으로 귀덕리 사람들은 오래전부터 영등이 들어온 초하루에 하던 영등신맞이를 복원하면서 복덕개를 신화공원으로 조성했다.

매년 음력 2월 초하루는 하늘의 북녘 끝 영등나라에서 이곳 제주에 1만 8천 빛깔의 바람을 움직이는 바람의 신, 천하를 바람으로 움직이는 영등할망이 오시는 날이다. 영등할망은 마지막 꽃샘추위와 봄 꽃씨를 가지고 제주섬을 찾아오는데, 할망이 맨 처음 도착하는 바람길 올레가 제주시 한림읍 복덕개이므로 제주사람들은 복덕개를 영등할망이 들어오는 영등올레라 부른다.

영등신이 오는 날 날씨가 따뜻하면 옷 벗은 영등이 왔다 하고 추우면 옷 벗은 영등이 왔다고 한다. 비가 오면 영등우장이 우장 입고 와서, 눈 내리면 영등신이 헌 옷 입고 와서 그런다고 한다.

신상의 배치를 살펴보면 영등할망을 중심으로 왼쪽에는 영등대왕, 오른쪽에는 영등하르방, 이어서 멀리 하늬바람 부는 궤물동산에는 한라산과 세경너븐드르에 꽃과 오곡의 씨를 뿌릴 영등좌수, 할망의 아래쪽 마파람 부는 갯가에는 고기 씨를 뿌릴 영등별감 그리고 날씨가 좋다 궂다 하며 일기를 미리 보는 일관 영등호장과 영등우장을 동서바다에 세우고 영등할망의 주위에는 할망이 아끼는 언강 좋은 딸과 할망이 미워하지만 일 잘하는 착한 며느리를 세웠다.

〈영등할망 신화공원〉

올레꾼이 쓴 제주올레길

Tip 27. 영등달 이야기

음력 2월 초하루 영등할망이 오면 제일 먼저 한라산 오백장군에게 문안 인사를 드리고, 섬 곳곳을 돌며 봄꽃 구경을 하면서 땅에는 곡식의 씨를 뿌리고, 바당에는 우뭇가사리와 소라 전복 등의 씨를 뿌리고, 음력 2월 15일 우도 질진깍을 거쳐 제주를 빠져나가는데, 제주는 영등할망이 왔다 가야 새봄이 온다고 한다. 그 때문에 제주 사람들은 음력 2월을 영등할망이 들어와 봄 꽃씨를 뿌리는 달이란 뜻에서 '영등달'이라 한다. 이 기간에는 모두 일손을 멈춘다. 농사를 지으면 흉작을 면치 못하고, 빨래를 해서 풀을 먹이면 집에 구더기가 번식한다고 한다.

영등할망이 들어온 복덕개포구

복덕개포구는 천연자원으로 된 복어 형태의 형국으로 옛부터 '복덕개'라 불렸으며 귀덕리에 처음으로 포구가 되어 큰개라고도 불리어 왔다. 음력 2월 초하루 새벽 들물 때에 영등할망(해신)이 들어 왔으며, 귀덕 앞바다의 풍각여, 가막여, 물에 잠긴 여에 많은 씨 종자를 뿌렸으며, 들어올 시각에 어부들은 바당에 출항을 금지하고 잠녀들도 바당에 안 나갔다.

복덕개로 영등할망(해신)이 들어오면 어민, 해녀들은 포구 서쪽 돈지빌레에서 영등용왕제도 지냈다. 음력 2월 초하룻날에 들어왔다가 남풍(마파람)이 불면 우도를 거쳐 빠져나간다고 전해지고 있다.

〈복덕개포구〉

올레꾼이 쓴 제주올레길

아픈 데를 낫게 해 주는 나신물

　　용천수란 대수층을 따라 흐르는 지하수가 암석이나 지층의 틈을 통해 지표면으로 솟아나는 곳을 의미하며, 대부분 용암류의 말단부나 지질 경계부, 하천의 절벽이나 벼랑, 요철 지형의 오목지, 오름 기슭 등에 위치한다. 이는 중력의 지배를 받으며 유동하던 지하수가 갑작스러운 지형 변화로 지하수면이 지표에 노출됨으로써 생겨나는 현상이다.

　이곳은 예쁜 인어가 동네 바다에서 놀다가 크게 다쳐서 피가 흐르고 있었는데 굼둘애기물에 들어가서 깨끗하게 씻으니 금방 나았다고 한다. 나신물은 나은물의 제주어다. 이것을 본 동네 사람들이 몸이 아프면 그 물로 몸을 씻어 낫게 했다고 한다.

〈나신물〉

옛 등대 (귀덕)도대불

    도대불은 선박의 항로를 알려 주는 등대와 같은 기능을 하는 신호 유적으로 해 질 무렵 바다로 나가는 어부들이 켜면 아침에 들어오는 어부들이 껐다고 한다.

    제주도의 민간 등대로 제주도 해안가 마을의 기초적인 생계 수단인 어업문화를 보여 주며 포구마다 하나씩 있었는데 그 모양이 원뿔 모양, 원통 모양, 사다리꼴 모양 등 저마다 달랐다고 한다.

    훼손되어 방치되었던 귀덕도대불을 과거 흔적을 토대로 복원하였다.

〈(귀덕)도대불〉

바람이 들지 않는 한담해안

제주시 애월읍 곽지리 동쪽 바닷가 한담리는 한겨울 '바람 타는 섬' 제주에 하늬바람이 몰아칠 때도 바람이 들지 않아 따뜻했던 마을이었다. 멸치 떼와 자리돔, 소라와 미역 등 수산물이 풍성했던 마을이고, 동풍이 불면 유독 파도가 잔잔하고 바닷물이 맑아 지나가던 어느 제주 목사가 한담(漢潭)이라는 이름을 붙였다.

1980년대 제주도에 개발 바람이 불던 시절 탤런트 노주현이 이 마을 한복판의 집 한 채를 사들여 별장으로 꾸며 놓았다. 이 사실이 알려지면서 외지인들이 어촌 마을에 관심을 보이기 시작했다. 한 채, 두 채 집들이 팔려 가면서 한담해안가는 외지인들이 별장 지대로 변했다. 집을 팔고 고향을 떠난 마을 사람들은 바닷가에 망향비를 세웠다.

너무 아름다워서 잃어버린 한담 마을, 사람들은 떠나고 마을은 쥐 죽은 듯 고요하지만, 한담올레길을 찾는 이들은 한담 바닷가의 아름다움에 넋을 잃는다.

〈한담해안〉

『표해록』을 쓴 장한철산책로

　　장한철(張漢喆)은 1770년 12월 과거시험을 보기 위해 배를 타고 가다 상륙 직전에 태풍을 만나 류쿠 제도(오키나와)의 한 무인 도에 표류한다. 표착 닷새 만에 안남(安南)의 한 상선에 발견되어 무 사히 구조된 뒤 한양을 거쳐 귀향할 때까지의 일들을 적은 『표해록』 (漂海錄)을 썼다.

　『표해록』은 당시의 해로, 해류, 계절풍 등이 실려 있어 해양지리서 로서 문헌적 가치를 인정받고 있다. 『표해록』은 우리나라 해양문학의 백미로, 사료로서의 가치는 물론 문학적 가치를 인정받아 제주도 유 형문화재 제27호로 지정되었다.

　자랑스러운 역사를 널리 알리고 선생의 명망과 지역을 사랑하는 마음을 기리고자 이 길을 '한담마을 장한철산책로'로 지정하였다.

〈장한철산책로〉

탐라의 만리장성 (애월)환해장성

환해장성[33]은 제주도에서만 볼 수 있는 독특한 해안 방어 시설로 고려에서 조선까지 600여 년의 역사를 간직하고 있다.

삼별초를 막으려고 고려군이 쌓았던 돌담, 이어서 고려군을 막으려고 삼별초가 더 견고하게 쌓아 올린 돌담 성벽인 환해장성이 세월이 지난 후에는 일본 왜구들을 막아 주는 방패막이가 되었다.

제주 해안에는 모두 28개의 환해장성이 남아 있었지만, 이들 중 상태가 양호한 열 군데만 지방문화재로 관리되고 있다.

김상헌의 『남사록』에는 '바닷가 일대에는 석성을 쌓았는데 길게 이어져 끊어지지 않았다. 온 섬을 돌아가며 곳곳이 모두 그렇게 되어 있는데, 이것을 탐라 때 쌓은 만리장성이라고 한다'고 되어 있다.

〈(애월)환해장성〉

---

33) 제주올레10코스 제주도의 방어 유적 참조

왜구의 침입을 막기 위한 애월진성

　　진성은 외적의 침입을 방어하기 위해 해안이나 내륙 지역에
쌓은 성곽으로, 애월진성(涯月鎭城)은 1581년 제주 목사 김태정이 왜
구의 침입을 막고 수군들이 전투 준비하기 위해서 돌로 쌓은 성이다.
원래 고려시대 삼별초(三別抄)가 들어와 관군을 방어하기 위해 나무
로 만든 성이 있었는데 김태정 목사가 애월포구로 진을 옮겨 돌로 새
로 성을 쌓았다고 한다.

　진성의 둘레는 549척(약 166m), 높이는 8척(약 2.4m)이고, 서문과
남문 위에는 문루를 설치하였고, 성 안에는 객사와 무기고 등이 있었
다고 한다. 남측 성벽은 일부 복원하였으나, 북측 성벽은 바다와 접
하여 원형을 그대로 보존하고 있다.

〈애월진성〉

올레꾼이 쓴 제주올레길

용천수 우주물

　　고내포구에 있는 마을에서 용출되는 용천수로 포구에 접해
있어 밀물일 때는 짠물이 나오며 오랜 세월 마을 사람들에게는 귀중
한 샘이었으나, 지금은 주로 빨래터로 사용한다.

　우주물이라 함은 '우' 자는 언덕 사이 물 우 자이고 '주' 자는 물놀이
칠 주 자이다. 즉 이 물은 언덕 사이로 흘러나오는데 이 물에서 물놀
이를 친다는 뜻으로 해석하기도 한다.

〈우주물〉

Tip 28. 영등할망 이야기

제주 바다 남쪽 멀리에는 거인 섬이 하나 있었다. 이마에 눈이 하나 달린 외눈박이 섬이라고 하는데 고기잡이 어부들이 풍랑을 만나 표류하다가 섬에 끌려가 잡아먹히곤 했다.

어느 날 조그만 배를 타고 고기잡이 나갔다가 강풍과 파도에 휩쓸려 정처 없이 표류하다 외눈박이 거인들이 다가오는 게 보였다.

'우리 이제 다 죽어싱게마씸'(우리 이제 모두 죽었네요) 하며 서로 부둥켜안고 울고 있는데 어디선가 구세주가 나타났다. 거대한 몸집의 영등할망이 나타나 자신의 배를 치마로 감싸 주었다. 외눈박이들은 어부들을 보지 못 했느냐고 거칠게 물었지만 영등할망이 시침을 뚝 떼자 외눈박이들은 툴툴거리면서 그냥 돌아갔다.

영등할망은 치마폭을 걷으며 어부들에게 '개남보살'(관음보살)을 암송하면서 고향마을까지 가도록 했다. 어부들은 크게 기뻐하면서 감사 인사를 하고는 뱃머리를 고향 쪽으로 향했다.

모두가 개남보살을 암송하면서 노를 저어 가다 보니 어느덧 눈이 익은 고향 바다가 나타났다.

'이제 살아싱게 마씸'(이제 살았네요.) 하면서 서로 얼싸안고 만세를 불렀다. 그러다 개남보살 암송을 깜빡 잊었는데, 갑자기 강풍이 불고 파도가 일렁이기 시작했다. 배는 방향이 바뀌며 오던 길로 다시 밀려왔다.

어부들이 우왕좌왕하는 동안 다시 외눈박이 섬에 가까워졌고 이를 본 괴물들이 몰려왔다. 그 순간 영등할망이 다시 나타나 어부들을 숨겨 주며 괴물들에게 거짓말로 둘러대고 돌려보냈다. 두 번이나 어부들이 목숨을 구해 줬지만 정작 영등할망은 외눈박이들에게 붙잡혀 죽었다.

고기잡이 어부들은 영등할망이 자신들을 살리고 외눈박이들에게 죽었다는 사실을 알게 되었다. 죽은 영등할망은 제주를 비롯한 인근 섬과 바다를 누비는 바람의 신이 되었다.

〈복덕개 전경〉

Tip 29. 이한우의 영주10경(瀛州十境)

성산일출(城山日出), 사봉낙조(紗峯落照),
영구춘화(瀛邱春花), 정방하폭(正房夏瀑),
귤림추색(橘林秋色), 녹담만설(鹿潭晚雪),
산방굴사(山房窟寺), 산포조어(山浦釣魚),
고수목마(古藪牧馬), 영실기암(靈室奇巖)

용연야범(龍淵夜帆), 서진노성(西鎭老星)을
덧붙여서 영주12경이라고 한다.

올레꾼이 쓴 제주올레길

제주올레16코스

(신엄)도대불
용천수
구엄 돌염전
수산봉
항파두리

〈고내포구-광령1리사무소〉
(15.8km)

고내포구 안내소를 출발하여 바닷바람이 시원한 해안길과 마을길을 걸어 수산봉을 오른 다음 풀 냄새가 물씬 풍기는 농로를 따라 항파두리성을 거쳐서 광령1리 사무소 간세 앞에 도착한다.

〈구엄해안〉

옛 등대 (신엄)도대불

　　도대불은 선박의 항로를 알려 주는 등대와 같은 기능을 하는 신호 유적으로 해 질 무렵 바다로 나가는 어부들이 켜면 아침에 들어오는 어부들이 껐다고 한다.

　　제주도의 민간 등대로 제주도 해안가 마을의 기초적인 생계 수단인 어업문화를 보여 주며 포구마다 하나씩 있었는데 그 모양이 원뿔 모양, 원통 모양, 사다리꼴 모양 등 저마다 달랐다고 한다.

　　신엄 도배불은 1960년대 이전까지 있었으나 훼손되어 방치되었던 것을 고증을 거쳐 호롱불을 복원하였다.

〈(신엄)도대불〉

용천수

　　용천수란 대수층을 따라 흐르는 지하수가 암석이나 지층의 틈을 통해 지표면으로 솟아나는 곳을 의미하며, 대부분 용암류의 말단부나 지질 경계부, 하천의 절벽이나 벼랑, 요철 지형의 오목지, 오름 기슭 등에 위치한다. 이는 중력의 지배를 받으며 유동하던 지하수가 갑작스러운 지형 변화로 지하수면이 지표에 노출됨으로써 생겨나는 현상이다.

○ 녹고물

　녹고물 또는 노꼬물은 한라산을 발원지로 한 물이 애월읍 노꼬메오름을 거쳐 신엄리 바닷가에서 솟고 있다고 해서 붙여진 이름이다.

　상수도가 보급되기 전까지 녹고물을 생활용수로 사

〈녹고물〉

용하던 시절 이 샘은 평지보다 훨씬 낮은 내리막 쪽에 있는 데다가 주변에 병풍처럼 바위가 둘러져 있는 등 지대가 험악해 주민들 접근이 어려웠다.

　그래서 주민들은 신엄리에는 물 길러 다니는 일이 매우 힘든 만큼 주변 마을 사람들이 쉽게 딸을 이곳으로 시집을 보내려고 하지 않았다고 한다.

　　　　　　　　　　　　　올레꾼이 쓴 제주올레길

○ 새물

　중엄리 설촌 당시의 식수원으로, 1930년 홍평식(洪平植) 구장(區長)이 동절기에 넘나드는 파도 속에서 식수를 길어 오는데 구민들이 크게 어려움을 느끼는 것을 알고 구민들과 합심하여 현 방

〈새물〉

파제 중간 부분에 있었던 암석을 발파하고 방파제를 쌓았다. 풍부한 수량으로 인하여 방파제 안쪽으로는 해수가 들어오지 않는 최고 용천 물량을 자랑하는 제주 제일의 해안 용수다.

○ 큰섬지

　큰섬지는 수질이 맑고 수량이 풍부하여 설촌과 더불어 주민들이 음용수로 사용하여 왔으며 심한 가뭄에도 샘이 마르지 않아 인근 마을인 장전리, 소길리에서도 이 물을 이용하여 식수를 해결하였

〈큰섬지〉

고, 수산봉 서쪽에는 새섬지, 동쪽에는 공섬지, 명새왓섬지가 있다.

바닷물로 소금을 만들었던 구엄 돌염전

　　1559년 김려 목사가 부임하면서 바닷물로 햇빛을 이용하여 소금을 제조하는 방법을 가르쳐 소금을 생산하기 시작하여 1960년대까지 소금을 만들었다고 한다.

　　소금빌레라고도 부르는 이 염전은 예로부터 해안가에 널리 깔려 있는 평평한 천연암반 위에 바닷물을 이용해 천일염을 제조하여 생활에 도움을 얻었으며 여기서 생산된 돌 소금은 넓적하고 굵을 뿐만 아니라 맛과 색깔이 뛰어나 인기가 있었다.

〈구엄 돌염전〉

기우제를 올렸던 수산봉〔水山烽〕

이 오름은 제주시 애월읍에 위치하고 있으며, 높이는 해발 121.5m, 비고 100m에 달한다.

옛날 봉우리에 자연 연못이 있어 예부터 물메(물미)오름이라 불렸고, 제주에 가뭄이 들면 이곳에서 기우제를 지냈다고 한다. 그 못에 물이 없어진 지는 오래되어 옛 흔적만 남아 있고 남동쪽에 큰 저수지가 조성돼 있다. 수산리의 옛 이름도 물메오름 기슭에 이룩된 마을이라서 물메(물미)다. 또한 오름이 아름답고 어질다고 하여 영봉이라고도 불렸다. 오름의 남서쪽 마을에는 예부터 당이 있어 당동네라고 부른다.

수산봉에는 조선시대에 봉수대가 있어 수산망이라고도 불렸고, 동쪽으로 도원봉수, 서쪽으로 고내봉수와 교신했다.

〈수산봉〉

삼별초의 근거지 항파두리

항파두리(缸波頭理)는 항바두리라는 제주어의 한자 차용표기로 항은 항아리, 바두리는 둘레라는 뜻으로 항아리 가장자리처럼 둥글게 돌아간다는 뜻이다.

고려 조정이 몽골의 침입을 받고 굴욕적인 강화를 맺은 것에 반대해서 몽골에 대항해 끝까지 싸울 것을 주장한 삼별초가 강화도와 진도를 거쳐 제주도에서 2년 6개월 동안 여몽 연합군에 맞서 싸우던 곳이다.

1271년 진도에서 제주로 내려온 김통정 장군은 귀일촌에 웅거하면서 불굴의 항전 정신을 불사르며 항파두리성을 쌓는다. 제주목 주민과의 대립을 피하면서, 지리적으로 볼 때 주위가 하천과 언덕으로 둘러싸여 있고 바다가 눈앞에 보이는 천연적인 요새지다.

외성과 내성의 이중구조로 바깥쪽은 토성(土城)이고 안쪽에는 석성(石城)으로 되어 있었다. 성 위에는 항상 나무를 태운 재를 뿌려 놓았다가 적이 침공하면 말꼬리에 대비를 매달아 달리게 하여 자연히 재가 날리는 연막전술을 했다고 한다. 자체적으로 조직을 정비하고 방어시설의 구축에 주력했으나 여몽 연합군의 공격을 막지 못하고 1273년 전멸하고 항파두리성은 함락되었다.

〈항몽순의비〉

〈항파두리성〉

Tip 30. 삼별초의 난이란?

삼별초는 개인 사병인 '야별초'(후에 좌별초와 우별초로 나뉨)라는 이름으로 한 때 야간 치안을 담당했던 병사들과 몽골의 포로가 되었다가 도망친 병사들로 구성된 '신의군(신처럼 의로운 사람)'이 힘을 합치면서 완성됐다.

1270년 5월 고려 원종은 삼별초와 손잡고 마지막 무신 정권 실권자인 임유무를 제거함으로서 고려 무신정권은 붕괴한다. 원종은 이를 계기로 강화도에서 개성으로의 환도를 공포한다. 무신정권으로부터 탈피하여 왕정 복고를 꿈꾸는 원종의 유화적인 대몽 정책에 반발하여 일어난 군대의 반란이 삼별초의 난이다.

왕조에 대한 반란 집단, 민족 항전의 수호자, 무신 정권의 하수인이라는 엇갈린 평가를 받고 있다.

삼별초가 원종을 도와 무신집정자 임유무 제거에 앞장섰지만 해산하라는 원종의 명령에 반기를 든 배중손(裵仲孫)은 1270년 6월 강화도에서 왕족 승화후(承化侯) 온(薀)을 왕으로 추대하고 삼별초 세력들을 모아 1,000여 척의 대선단을 이끌고 강화도를 떠나 진도에서 개성 정부와 대결한다. 바람 따라 움직인 것이 아니라 수전(水戰)에 약한 몽골군의 취약점을 노린 해도입보(海道入保: 섬에 들어가 안전을 확보) 전술이었다.

1270년 8월 삼별초는 진도 용장사를 행궁으로 삼고 용장산정(龍藏山城)을 쌓으면서 저항했으나, 1271년 5월 여몽 연합군에 의해 진도 용장산성은 함락되고 배중손은 왕 온과 함께 전사했고 이후 김통정(金通精)이 삼별초를 이끌었다. 삼별초가 진도를 거점으로 삼은 것은 남부 지방의 조세와 공물을 실어 나르는 조운의 길목에 위치하여 무기와 공물 등의 전쟁 물자를 쉽게 조달할 수 있기 때문이다.

올레꾼이 쓴 제주올레길

1270년 11월 삼별초 별동대장 이문경(李文敬)이 지휘하는 삼별초 선발대는 서쪽 명월포에 도착하여 제주성을 관통하지 않고 외곽으로 돌아 동제원에 진을 친 다음, 영암 부사 김수가 지휘하는 200명의 병력과 개성 정부가 파견한 고여림의 부대를 합친 1,000여 명의 방어군을 인근 송담천에서 전멸시켜 제주에 대한 지배권을 확보하였다.

한편 개성정부는 삼별초의 제주도 입도를 막기 위해 약 2개월에 걸쳐 제주도 해안 300여 리에 다급하게 해안 성곽인 '환해장성(環海長成)'을 쌓는다. 개성 정부의 예상대로 삼별초는 진도에 거점을 정한 지 3개월 뒤 1271년 6월 김통정이 이끄는 12,000명의 잔존 삼별초가 명월포로 상륙하여 제주관군과의 전투에서 승리하면서 제주도를 점령 항파두리(缸波頭理)를 거점으로 삼는다.

그러나 삼별초는 탐라에서 자체적으로 조직을 정비하고 방어시설의 구축에 주력했으나, 고려는 삼별초의 습격을 막기 위해 몽골에 병력 2,000명을 요구한다. 일본 정벌을 위해서 몽골도 삼별초를 시급히 정리해야 할 필요성이 있었다. 그래서 1273년 4월 여몽 연합(홍다구가 이끄는 몽골군과 김방경이 이끄는 고려군)의 토벌군이 나주를 출발하여 제주에 상륙하면서 주력인 김방경의 중군 6,000명은 동쪽인 함덕포로, 좌군 6,000명은 서쪽인 명월포로 상륙하는 양동(陽動) 작전을 성공시켰다. 무방비상태의 함덕포로 상륙했던 김방경의 중군이 먼저 항파두리성 방어를 위한 전초기지인 파군봉의 저지선을 격파했고, 삼별초는 공격을 막지 못하고 전멸하고 말았다. 김통정 장군은 한라산 기슭 붉은오름에서 장렬하게 전사한 것으로 알려졌다.(자결했다고도 전해진다)

삼별초의 제주항전은 민족 항전이라는 국가사적 의미를 부여하고 있지만 제주 도민에게는 노역에 동원되고 전쟁터에 앞세워진 하나의 재난일 뿐이다. 역사의 고비마다 죽도록 고생하는 것은 힘없는 백성들뿐이다.

〈다락쉼터〉

올레꾼이 쓴 제주올레길

제주올레17코스

〈광령1리 사무소-간세라운지〉
(18.1km)

광령1리 사무소 간세를 출발하여 무수천을 따라 풀 냄새가 물
씬 풍기는 농로를 걸어 외도 월대천을 지나고 바닷바람이 시
원한 해안길을 걷고 용연과 관덕정을 거쳐서 제주올레 간세라
운지 안내소에 도착한다.

〈이호해변〉

물이 없는 무수천

제주의 내륙을 가르는 길고 거친 계곡으로, 해발 1,600m의 고지대에서 약 25km를 흘러 외도동 앞바다로 흘러든다. 제주시의 주요 수원으로 인간사의 근심을 덜어 준다 해서 무수천(無愁川)이라 한다.

또한 물이 없는 건천이라 해서 무수천(無水川)이라고도 하고, 지류가 셀 수 없이 많다고 해서 무수천이라고도 한다.

1271년 삼별초의 난[34] 당시 삼별초들이 제주에 와서 항파두리성을 만들 때 무수천을 자연해자로 활용하였다.

〈무수천〉

풍류를 즐기던 외도 월대

　　외도천변에 인접해 있는 평평한 대(臺)를 월대(月臺)라고 한다. 주위에는 수령 500년이 넘은 팽나무와 250년이 넘은 소나무를 비롯한 많은 나무들이 하천을 따라 자리 잡고 있다. 지형이 반달과 같은 곳으로 옛날부터 밝은 달이 뜰 때 주위와 어우러져 물위에 비치는 달빛이 장관이었다. 달 밝은 밤에는 은은한 달빛이 물에 비친 모습이 운치 있고 아름다운 풍경을 연출하는 장관을 구경하며 즐기던 누대(樓臺)라는 뜻에서 월대(月臺)라고도 한다.

　조선시대에는 많은 시인과 묵객이 시문을 읊고 풍류를 즐기던 명승지다. 밀물 때는 해수가 역류해 들어와 이 하천에서 담수와 만나게 되는 덕택에 은어, 숭어, 뱀장어 등이 많이 서식해 현재는 생태하천으로 개발하고 있다. 하천이 넓고 물이 풍부해 여름철에는 물놀이를 즐기기 위해 가족 단위 피서객이 많이 찾는다.

〈외도 월대〉

올레꾼이 쓴 제주올레길

불길한 징조를 막아 주는 내도동 방사탑

　　내도동 방사탑은 바다에서 마을로 들어오는 나쁜 가운을 막기 위해 해안가에 세워 놓았다. 바닷가의 둥근 자갈들을 모아서 둥글게 허튼층쌓기로 탑을 쌓은 다음 안에는 잡석을 채웠다.

　　이 방사탑[35]의 높이는 185cm, 하단 지름은 396cm이다. 꼭대기에는 길쭉한 현무암을 세워 놓았다. 이 마을에는 6기의 방사탑이 있었으나, 현재 원형을 찾아볼 수 있는 것은 이 탑이 유일하며, 도로 확장공사로 인해 이설하였다.

〈내도동 방사탑〉

---

35)　제주올레12코스 방사탑 이야기 참조

바다 어장 이호동 쌍원담

원담('갯담'이라고도 한다.)은 일종의 고정형 고기잡이 그물로 해안 조간대에 돌담을 원형으로 쌓아 두고 밀물 따라 몰려왔던 멸치 떼나 고기들이 썰물이 되도 돌아가지 못하도록 지역 주민들이 돌담을 이용하여 공동으로 설치 관리한다.

이호동 쌍원담은 총길이가 450m 정도의 길이로 제주 해안에 있는 원담 중 가장 크다. 원담 안에 들어오는 어종은 주로 멸치였다. 멸치가 담 안에 들어오면 큰소리로 '멜 들었수다.'(멸치 들어왔습니다.) 하면서 동네 한 바퀴 돌면 아낙들은 구덕을 가지고 멜을 담아 가서 멸치젓, 멸치튀김 등을 만들어서 먹었다.

주로 제주 해안가에 산재해 있으나 최근에는 해안 매립으로 대부분 소멸되어 그 흔적을 찾아보기 힘들다.

이호동에서는 사라져 가는 선조들의 어촌 생업 문화를 후세들에게 알리고자 현 위치에 복원하였다.

〈이호동 쌍원담〉

섬의 머리 도두봉(道頭烽)

　　　　　이 오름은 제주시 도두동에 위치하고 있고, 높이는 해발 67m, 비고 55m에 달한다.

　바다를 배경으로 높은 데서 바라보면 오름 모양이 해안가에 도드라진 모습이어서 도들오름(도돌오름)이라 한다. 도들봉, 도돌봉이라 해서 한자의 음을 가져와 도두(道頭)봉으로 쓰이며, 마을 이름도 도두리로 불린다.

　이 오름 언저리에서는 모래알보다 조금 굵은 햇빛에 반짝거리는 흑회색 알맹이를 찾아내려고 가끔 사람들이 어슬렁거리는 모습을 볼 수 있다. 마을 사람들이 인굴이라고 하는 광물질인데, 골절에 먹으면 특효가 있다고 오래전부터 민간에 전해 내려오는 것을 찾아내려고 하는 것이다. 이것을 줍는다거나 캔다고 하지 않고 잡으러 간다는 표현을 쓰는 것은 영력(靈力)을 가진 희귀한 생명체로 여기는 까닭이다. 이 때문에 예전부터 금이 묻혀 있다고 알려진 것이다.

　널찍한 정상부는 조선시대 봉수대인 도원봉수가 있었는데, 동쪽으로 사라봉수, 서쪽으로는 수산봉수와 교신했다.

〈도두봉〉

방어 유적 수근연대

연대[36]는 사면이 바다인 제주도에만 있는 특이한 방어 유적으로, 제주시 용담동 어영마을 사람들이 큰연디 또는 어영연디라고 부르는 수근연대에는 별장(別將)과 연군(煙軍)이 교대로 지켰으며, 동쪽으로 사라봉수, 서쪽으로는 도원봉수와 교신했다.

〈수근연대〉

---

36)   제주올레10코스 제주도의 방어 유적 참조

바닷물로 소금을 만들었던 소금빌레

　바다를 향해 길게 뻗어나간 넓고 평평한 암반 지대가 소금빌레라 불리는 소금밭이었다. 제주도의 소금밭은 바닷가 너럭바위인 빌레 위에 바닷물을 가두어 물을 증발시켜서 만들었다. 돌소금은 결정체가 굵고 품질이 좋아 인기가 높았다고 한다.

　제주 소금에는 햇볕으로만 물을 졸여 만든 물 소금과 어느 정도 소금기가 짙은 물을 솥에 달여 만든 삶은 소금이 있다. 소금생산방식은 제주의 독특한 생업 문화 중 하나였다.

〈소금빌레〉

용이 승천하다 돌이 된 용두암

용두암(龍頭岩)은 점성이 높은 용암이 위로 뿜어 올라가면서 만들어진 것으로 용암이 굳은 뒤 파도에 깎이면서 그 모양이 용의 머리처럼 만들어졌다. 용두암은 옆에서 보면 용머리의 모습이지만 위에서 보면 얇은 판을 길게 세워놓은 모습이다.

바닷속 용궁에서 살던 용이 하늘로 오르려다 굳어진 모습과 같다고 하여 용두암 또는 용머리라고 한다. 바닷속에 잠긴 몸통의 길이가 30m, 바다 위로 나온 머리 높이가 10m쯤 된다.

세 가지 전설이 전해진다. 하나는 용이 되어 승천하려는 바닷속 백마를 잡으려는 힘센 장사가 몰래 허수아비를 세워 두자 백마는 허수아비와 친해진다. 장사는 그 허수아비로 변장해 용으로 승천하려는 백마와 격투를 벌였고, 용은 끝내 하늘로 오르지 못한 채 바위로 굳어 버렸다는 것이다.

또 하나는 용왕의 사자가 한라산에 불로장생의 약초를 캐러 왔다가 백록담 산신이 쏜 활에 맞아 죽었다. 사자의 시체가 굴러떨어져 물에 잠기던 중 더 가라앉지 못하고 바위로 굳어 버렸다는 것이다.

또 다른 얘기는 아득한 옛날 용이 승천하면서 한라산 신령의 옥구슬을 훔쳐 물고 달아나다가 한라산 신령이 쏜 화살에 맞아서 떨어졌고, 몸뚱이는 바다에 잠기고 머리는 물 위로 쳐들고 울부짖다가 바위로 변한 것이라고 한다.

세 가지 전설에는 공통점이 있다.

우선 바다에서 하늘로 올라가려는 백마, 불로장생 약초를 구하려는 용왕, 한라산 산신의 옥구슬을 탐낸 용의 욕망을 나타낸다. 이러한 어리석은 욕망은 하나같이 허수아비에 속거나 활에 맞아 좌절한다. 즉 욕망을 품은 존재들은 제주 사람이나 한라산 산신과 다툰 끝에 패배하고, 결국 하늘로도 바다로도 가지 못하고 그 경계인 해안선에 머물고 만다. 이를테면, 욕망의 한계 또는 섬을 벗어나고 싶지만 어떻게 해도 벗어날 수 없는 섬사람의 안타까움을 보여 주고 있는 것이다.

〈용두암〉

여름철 달밤 뱃놀이 장소였던 용연

용연(龍淵)은 제주
시 중심부를 남북으로 흐르는
한천(한내, 모르내)이 바다와
만나는 자리에 있는 용이 살
았다고 전해지는 연못이다.
또한 깎아지른 듯 양쪽 벽이
병풍을 두른 것 같고 물이 맑

〈용연〉

고 짙푸르러 취병담(翠屛潭)이라고 부르기도 한다.

용연이 있는 한천의 하구는 용암이 두껍게 흐르다가 굳은 것이 오
랜 세월 동안 침식을 겪으며 깊은 계곡이 되었다. 그래서 그 양쪽 기
슭에는 용암이 식으면서 만들어진 주상절리가 잘 발달하였다.

예로부터 용연 주변은 경치가 아름다워 영주 12경의 용연야범(龍
淵夜泛)으로 유명하다. 용연야범은 여름철 달밤에 용연에서 뱃놀이
하는 것을 말한다.

조선시대 지방 관리와 유배된 사람들도 이곳에서 풍류를 즐겼다고
한다. 속음청사(續陰晴史)에는 운양 김윤식(雲養 金允植) 등 여러 유
배인들이 이곳에서 지방 문인들과 어울려 밤을 새웠다는 기록이 있
기도 하다.

올레꾼이 쓴 제주올레길

읍성 수호신 돌하르방

다공질 현무암으로 만든 돌하르방의 평균 키는 제주 187cm, 성읍 141cm, 대정 134cm 정도로 문헌 기록상 1754년에 제주 목사 김몽규가 세웠다고 전해진다. 1971년 제주특별자치도 민속문화재로 지정되면서 '돌하르방'으로 통일되었다.

옹중석(翁仲石), 무석목(無石木), 우석목(偶石木), 벅수머리, 돌영감, 수문장, 장군석, 동자석 등으로 불리는 돌하르방은 제주목, 정의현, 대정현의 성문 입구에 세워졌던 석상이다. 제주읍성 동·서·남 세 개의 문밖에 각 8기씩 24개와 정의현성, 대정현성 세 개의 문밖에 각 4기씩 12기가 설치되어 모두 48기가 설치되었다고 한다.

하지만 현재는 관덕정, 삼성혈, 제주시청, 제주대학교 박물관 등 제주 시내에 21기, 서귀포시 표선면 성읍리에 12기, 서귀포시 대정읍 인성리, 안성리, 보성리에 12기 등 45기가 남아 있다. 나머지 3기 중 제주읍성 남문 밖에 있던 1기는 일제 강점기와 근대화를 거치면서 분실되었고, 동문 밖에 있던 2기는 국립민속박물관 입구로 옮겨져 전시되고 있다.

돌하르방의 기능은 다음과 같다.

첫째, 육지의 장승처럼 성문 앞이나 마을 입구에 세우는 수호신의 기능이다.

둘째, 주술 종교적 기능이다. 마을 경계에 세워져 있는 방사탑처럼 악귀의 침범과 재난을 막아 준다.

셋째, 금지나 경고 등을 표시하는 기능이다. 성문 밖에 세워졌다는 것은 성의 위치를 알려 주는 표지 기능과 성의 안팎을 나누는 경계 표지 기능도 지녔다는 것이다.

〈관덕정 돌하르방〉

〈관덕정 돌하르방〉

올레꾼이 쓴 제주올레길

근현대사의 주요 사건 발생지 제주 관덕정

관덕(觀德)이란 '평소 마음을 바르게 하고 훌륭한 덕을 닦는 다'는 뜻으로 사자소이관성덕야(射者所以觀盛德也) 즉 '활을 쏘는 것 은 높고 훌륭한 덕을 보는 것이다'에서 따온 이름이다.

보물 제322호인 제주 관덕정은 조선 시대 활쏘기 시합 장소요, 과 거시험을 보았던 곳이고 진상용 말을 점검하기도 했다. 1448년 제주 목사 신숙청이 처음 지었으며, 처음에는 3칸 건물이었지만 이후 여러 번 중수와 개축 과정을 거쳐 1850년 지금과 같은 정면 5칸, 옆면 4칸 의 단층 팔작지붕 양식으로 처마가 길고 건물 높이가 낮은 제주도 건 축의 특징을 갖추게 되었다.

당시 현판의 글씨는 안평대군(安平大君)의 글씨였으나, 훗날 화재 로 소실되어 현재 현판은 선조 때 영의정을 지낸 아계 이산해(鵝溪 李山海)의 글씨라고 했는데, 정조 때 제주 목사인 김영수의 글씨라고 도 전한다. 한편 호남제일루(湖南第一樓)라는 편액도 걸려 있는데, 이는 조선 시대 제주도는 호남(전라도)에 속해 있었기 때문이다.

관덕정이 위치한 곳은 제주에서 전통적으로 중심지였던 칠성통이 가까이 있고, 제주도 행정의 중심인 제주목 관아와 성주청이 있었고, 일제 강점기에는 관아를 헐고 제주도청이나 경찰서, 건너편에 식산 은행을 위치시켰고, 해방 뒤에는 관덕정 바로 옆에 미군정청이 설치 되었다.

덕분에 관덕정 앞에서는 한국의 근현대사에서 빠뜨릴 수 없는 중 요한 사건들이 줄줄이 일어났는데, 1901년 신축민란 때는 제주성에

입성한 이재수가 관덕정 앞에서 악질 봉세관에 빌붙어 세금을 가혹하게 거두고 천주교를 앞세워 제주의 토속신앙을 파괴한 사이비 신자 300여 명을 잡아다 처형했던 곳이다.

또한 4·3을 촉발시킨 3·1절 행사에 이어서 발생한 발포사건이 발생한 장소이기도 하며, 한라산 남로당 무장대의 장두 이덕구의 시체가 본보기로 내걸었던 장소이다.

관덕정 앞에서 산폭도 혹은 군경 가족으로 몰려 공개 처형당한 사람들 수도 적지 않았다고 그야말로 관덕정 한 곳에서 제주 역사의 물결이 몇 번이나 뒤집히고 요동쳤다는 표현이 결코 과장이 아니다.

〈제주 관덕정〉

조선시대 제주목 관아

　　사적 제380호이며 관덕정(觀德亭) 인접 북쪽에 위치하고 있으며, 1991~1992년 2차에 걸친 발굴조사로 탐라국으로부터 조선·근대에 이르기까지 여러 시기의 유구와 문화층이 확인되었다. 특히 조선시대의 관아시설인 동헌(東軒)과 내아(內衙)의 건물지 등이 확인되어 제주목 관아지로 밝혀진 중요한 유적이다.

　발굴조사로 밝혀진 건물지는 동헌터를 비롯하여 내아터, 내대문터, 홍화각(弘化閣)터 등이며, 이들의 기단석 열과 주춧돌, 담장터 등이다. 시대상으로는 조선시대 16세기경부터 후기 19세기경까지의 건물터와 담장터 등이 확인되었다. 또한 이들 조선시대 유구 밑에서는 통일신라시대(탐라국)의 문화층도 나타났다.

　출토 유물은 기와 조각이 대부분으로 막새기와에는 연꽃무늬를 오목새김한 수법의 목판 형식과 단판 형식의 연판무늬 장식이 있다. 도자기는 조선시대의 각종 분청사기 및 백자 조각이 다량으로 출토되었다.

　제주목 관아지는 조선시대 이후 『탐라순력도(耽羅巡歷圖)』 등 많은 기록이 있어 제주의 정치·행정·문화의 중심지였음을 알 수 있으며, 제주대학교 발굴팀에 의하여 여러 유구와 유물이 출토됨으로써 그 중요성이 더욱 확인되었다.

　전문가의 고증과 자문을 거쳐 2002년 12월 바깥 대문, 중간 대문을 비롯해 절제사의 집무실인 홍화각(弘化閣), 목사의 집무실 연희각(延曦閣), 연회를 베풀고 공물을 봉진하던 우련당(友蓮堂), 휴식 장소였던 귤림당(橘林堂), 제주 앞바다로 침범하는 왜구를 감시하는 2층 누각인 망경루(望京樓)의 복원공사를 완료하였다.

〈제주목 관아〉

〈제주목 관아〉

제주올레18코스

〈간세라운지-조천만세동산〉
(19.7km)

제주올레 간세라운지 안내소를 출발하여 오현단과 동문시장을 거쳐 산지천을 지나고 사라봉에 올라 제주시 전경에 탄성을 지른 후, 아름다운 별도봉 해변길을 걷고 바닷바람이 시원한 해안길을 걸어 연북정을 거쳐서 조천만세동산 안내소에 도착한다.

〈사라봉에서 본 제주시〉

오현을 배향하는 오현단

오현단(五賢壇)은 제주 문화와 교학 발전에 공이 있는 다섯
분의 현인을 기리기 위해 귤림서원(橘林書院)의 옛터에 조성한 제단
이다. 그러나 이분들은 제주의 교화에 공이 있어서가 아니라 충절과
학문이 후세에 크게 존중받게 된 분들이다.

오현(五賢)은 1520년에 제주에 유배 왔던 충암(冲庵) 김정(金淨),
1534년에 제주 목사로 부임한 규암(圭菴) 송인수(宋麟壽), 1601년에
제주 안무사로 왔던 청음(淸陰) 김상헌(金尙憲), 1614년에 제주에 유
배 왔던 동계(桐溪) 정온(鄭蘊), 1689년에 제주로 유배 왔던 우암(尤
庵) 송시열(宋時烈) 등 다섯 사람을 이른다.

오현단은 1578년 판관 조인후(趙仁後)가 가락천 동쪽으로 충암묘
(冲庵廟)를 지은 것이 시초인데, 1667년 판관 최진남(崔鎭南)이 충암
묘를 현 오현단 경내로 옮겨와 사당(祠堂: 제사 기능)으로 삼았다. 원
래 1660년 목사 이괴(李襘)가 세운 학당 장수당(藏修堂)을 재(齋: 교
학의 기능)로 바꾸어 귤림서원(橘林書院)이라 했다.

1682년 사액(賜額)을 받고 김정, 송인수, 김상헌, 정온 등 네 사람을
모셨다가 1695년 송시열도 함께 모시면서 다섯 현인(賢人)을 배향하
게 되었다. 조선 후기 서인 노론 세력들이 권력 장악을 위해 만들었
다고도 한다.

1871년 귤림서원이 헐린 뒤에 1892년 김의정(金義貞)을 중심으로
한 제주 유림이 귤림서원 자리에 제단을 조성했다. 지금은 위패를 상
징하는 조석(俎石) 또는 조두석(俎豆石) 5기가 설치되어 있다.

암벽에는 '증자와 주자의 말을 깊이 명심하겠다.'는 뜻으로 송시열이 직접 쓴 증주벽립(曾朱闢立)이란 글씨가 쓰여 있다.

〈오현단 조두석〉

〈귤림서원〉

올레꾼이 쓴 제주올레길

제주읍성

    제주읍성에는 남수각 외에도 동문 위 제중루와 서문 위 백호루, 남문 위 정원루 등 건물이 있었으며, 서쪽의 병문천, 동쪽의 산지천을 자연 해자로 삼고 성벽을 쌓았으나, 1555년 을묘왜변 이후 물 문제를 해결하고자 성벽을 산지천 밖으로 확장했다.

    읍성 안에는 다양한 관아 건축물이 있고, 6개의 과원(果園)이 있었다. 읍성 수호신 격으로 만수사에 동자복(286cm, 동미륵, 미륵부처, 미륵남, 돌부처로도 부름)과 해륜사에 서자복(273cm, 큰어른, 미륵부처, 자목신, 복신미륵으로 부름)이 있다.

    1910년 일제의 읍성 철거령으로 인해 대부분 훼손되었고, 성벽에 쌓았던 돌들은 1925년 제주항을 개발할 때 바다를 매립하였다.

〈제주읍성〉

을묘왜변전적지

　　을묘왜변(乙卯倭變)이란 1555년 6월 60여 척의 배에 나눠 탄 왜적 1천여 명이 화북포로 상륙, 산지천 밖 동쪽 높은 언덕 위에서 제주성안을 바라보며 공격한 사건을 말한다.

　해상권 장악을 위해 제주도를 왜구의 본거지로 삼으려고 3일 동안 치열한 공방전이 벌어졌다. 이때 제주 목사 김수문(金秀文)은 70인의 별동대를 조직 정면 돌파를 시도하여 적을 치는 것이 효과적인 방책이라고 생각하였다.

　그 결과 목사 김수문(金秀文)의 전략과 4인 돌격대의 과감한 적진 돌파로 배 9척을 빼앗고 수백 명의 전사자를 남긴 채 적을 퇴각시켰다. 또한 전투 결과 제주읍성의 해자였던 산지천을 성안으로 편입시켜 물 부족 문제를 해결하기도 하였다.

〈을묘왜변전적지〉

제주읍성이 해자였던 산지천

산지천(山地川)은 제주시 최고의 번화가인 동문시장 입구 맞은편에 흐르는 하천을 말한다. 산업화가 한창이던 1960년대 산지천을 복개(覆蓋)하여 주택과 상가건물이 형성되면서 환경이 오염되는 문제가 생기자, 1995년 산지천을 문화와 역사의 모습 그대로 되살리기 위한 복원 사업을 시작하여 2002년 맑은 물이 흐르는 현재의 산지천 모습을 갖게 되면서 여름철이면 낚시를 즐기는 사람들과 아이들이 수영하는 모습을 종종 볼 수 있다.

예부터 산지포구는 고기 낚는 돛단배와 백로, 갈매기가 어우러진 광경이 아름다워 영주10경(瀛州十景) 중의 하나인 산포조어(山浦釣漁), 즉 바다낚시로 유명한 곳이다.

1555년 을묘왜변 이후 제주읍성의 해자였던 산지천을 성안으로 편입시켜 주민들의 식수 문제를 해결하였다.

〈산지천〉

○ 조천석

　조천(朝天)은 '하늘을 우러르다.' 또는 '하늘의 기미를 살피다.'쯤의 의미다. 1780년 김영수 목사가 산지천의 잦은 범람을 방지하고 마을의 안녕과 액운을 막기 위해 간성(間城)을 쌓으면서 세운 것이다. 산지천의 범람을 막고 마을의 안녕을 기원하는 목민관의 마음이 애틋하다.

　또한 사람들이 커다란 방형의 자연석 경천암 위에 조천석을 세워 그 재앙을 막아 달라고 하늘에 제사를 지내는 용도로 사용했다고도 한다.

　아래 사진의 돌은 복제품이고 진품은 제주대학교 박물관에 전시되어 있다.

〈조천석〉

은광연세 김만덕기념관

　　의녀(義女) 김만덕(金萬德)의 유품을 전시한 박물관으로 김
만덕 할머니 유물 180여 점이 전시되어 있다. 해마다 탐라문화제 때
면 모충사에서 의녀 김만덕을 기리는 만덕제가 열리고 사회봉사에
공헌한 제주도의 여성을 선정해 만덕봉사상을 수여한다.

〈김만덕기념관〉

〈은광연세〉

제주시의 상징적 존재 사라봉[沙羅烽]

이 오름은 제주시 건입동에 위치하고 있고, 높이는 해발 148.2m, 비고 148.2m에 달한다.

제주항 동녘 해변에 우뚝한 사라봉은 섬의 수문장이자 제주시의 상징적 존재다. 아득한 옛날 탐라국(耽羅國) 고도이고, 오늘날 제주시의 역사가 올올이 새겨진 오름이다.

석양 비친 잔디 등성이가 마치 황색 비단을 덮은 듯하여 사라봉(紗羅峰)이라 부르지만, 이는 한자명에 대한 풀이일 뿐 본디 이름은 사라오름이다.

사라봉 동쪽에 알오름을 끼고 이웃한 별도봉과 능선이 이어져 있어 한 덩어리의 기생화산으로 알기가 쉬우나 각각 분출 시기가 다른 별개의 화산이다. 최초의 분출로 퇴적층 알오름이 생기고, 다음 분출로 조면암질 안산암인 별도봉, 마지막으로 현무암질 화산쇄설물이 분출 사라봉이 형성된 것이다.

예로부터 남쪽으로 한라산을 우러러볼 수 있고 북쪽으로 훤히 트인 수평선을 바라볼 수 있다. 어디를 보아도 조망이 아름답지만 특히 해 질 무렵의 낙조는 더욱 아름다워 사봉낙조(沙峰落照)라고 하여 영주10경(瀛州十境)의 하나가 되고 있다.

조선시대 때 봉수대가 있어 동쪽으로 원당봉수, 서쪽으로 도두봉수와 교신했다.

사라봉 정상을 향해서 오르다 보면 태평양 전쟁 말기 결7호 작전[37]

---

37) 제주올레1코스 결7호 작전이란? 참조

수행을 위해 일본군이 파 놓은 진지동굴이 바다를 향해 흉측한 아가
리를 벌리고 있다.

〈사라봉〉

〈사라봉연대〉

○ 진지동굴

일본군이 제주 북부 해안으로 상륙하는 연합군을 1차 저지하고, 제주 동비행장(진뜨르비행장)과 제주 서비행장(정뜨르비행장)을 방어하기 위해 구축했다.

동굴을 만드는 데 강제로 동원된 전라도 광산 기술자 800여 명을 비롯한 제주 사람들에게 변변한 장비나 먹을 것도 제공하지 않은 채 6개월 이상 노역을 시켰다고 하니 이는 부인할 수 없는 우리 선조들이 겪었던 고통과 참상의 현장이다.

일제 강점기 당시 일본군 군사 시설의 하나로 태평양 전쟁 말기 수세에 몰린 일본군이 천황제 유지를 위한 결7호 작전에 따라 제주도를 저항 기지로 삼았던 침략의 역사를 보여 주고 있다.

〈진지동굴〉

올레꾼이 쓴 제주올레길

영등굿이 열리는 칠머리당굿터

　　매년 음력 2월이 되면 제주 곳곳에서는 영등굿이 열린다. 영등굿은 마을의 심방(무당)들이 바람의 여신 영등 할머니와 용왕, 산신령 등 영등신에게 풍작과 풍어를 기원하며 벌이는 굿이다.

　　제주 칠머리당 영등굿은 제주시 건입동의 본향당에서 열리는 굿으로 제주섬의 영등굿 중에서도 가장 대표적인 것이다. 본향당은 원래 7개의 머리 모양을 한 칠머리에 당이 있어서 칠머리당이란 이름이 붙었다. 신위를 새겨 놓은 세 개의 바위에는 두 개의 신명이 적혀 있는데, 서쪽에는 영등대왕, 해신선왕, 중앙에는 도원수감찰지방관, 요왕부인, 동쪽에는 남당하르방, 남당할망이 적혀 있다.

　　제주의 어부 좀녀(해녀)들은 영등신이 음력 2월 초하루에 복덕개로 제주섬을 찾아와 풍부한 해산물을 주고 같은 달 15일에 우도 질진깍을 거쳐 제주를 빠져나가 본국으로 돌아간다고 믿고 있다. 제주 칠머리당 영등굿은 음력 2월 1일에 영등환영제로 시작하여, 2월 14일 영등송별제로 끝을 맺는다.

　　영등환영제(영등맞이굿)는 어부와 해녀 등 신앙민만 모여 신을 부르는 의식과 풍어를 기원하는 의식, 조상신을 위안하는 의식 등으로 간소하게 이루어진다. 영등맞이 굿을 한 지 2주 후의 영등송별제는 신앙민 이외에도 많은 주민들이 모여 술과 떡, 곡식 등을 바치는 큰 굿판이 벌어지며 마을 노인들은 짚으로 만든 배방선을 바다에 띄운다. 제주 사람들은 영등신이 떠나게 되면 봄이 시작된다고 믿는다.

　　정기적인 의례이자 축제인 이 의식은 제주 사람의 독특한 정체성

을 담고 있으며 그들의 삶을 좌우하는 바다에 대한 마을 사람들의 존
경심이 담겨 있다.

〈칠머리당굿터〉

〈칠머리당신위〉

올레꾼이 쓴 제주올레길

단호한 이별이 있었던 별도봉(別刀峰)

이 오름은 제주시 화북동에 위치하고 있으며, 높이는 해발 136m, 비고 136m에 달한다.

별도봉(베리오름)은 서쪽의 사라봉과 허리가 맞붙어 있고 능선이 연결돼 있어 하나의 산체가 아닌가 여겨진다. 바다 쪽에서 보면 더욱 그렇고 실제 동서로 이어진 산등성이를 타노라면 어디까지가 별도봉이고 어디부터가 사라봉인지 분간하기 어렵다.

정상부에서 북쪽 사면은 바다 쪽으로 급경사를 이루는 가파른 절벽인데, 이곳에 유명한 바위인 애기업은돌과 자살바위가 있고, 벼랑 밑 바닷가엔 고래굴이라는 큰 굴이 있다.

별도봉의 토박이 이름은 베리오름이다. 베리오름의 베리는 바닷가의 낭떠러지를 뜻하는 벼루의 제주어로 이 오름의 바다 쪽 지형에 연유한다. 또한 벨도(별도)의 벨은 벼랑을 뜻하는 제주어로 해석하여 벼랑으로 통하는 길목을 의미한다. 한자어 별도(別刀)란 단호한 이별을 뜻한다.

〈별도봉〉

4·3 유적 곤을동 마을터

　　베리오름에서 화북천으로 내려서는 길에는 4·3 유적지인 잃어버린 마을 곤을동(坤乙洞)터가 있다. 곤을동은 제주시 화북1동 서쪽 바닷가에 있던 마을로 4·3이 일어나기 전, 안곤을에는 22가구, 가운데곤을에는 17가구, 밧곤을에는 28가구가 있었다.

　1949년 1월 4일 국방경비대 군인들이 마을을 포위하여 젊은이들 10여 명을 학살하고 안곤을과 가운데곤을, 밧곤을 67가구를 모두 불태웠다. 1월 5일에는 인근 화북초등학교에 가뒀던 주민들을 화북동 동쪽 바닷가인 연디밑에서 학살하고 밧곤을 28가구 모두가 불타면서 자취도 없이 사라져 인적이 끊긴 비운의 마을이 되었다.

　4·3을 겪으며 잃어버린 마을이고 사라진 마을 곤을동은, 지금은 집터 돌담과 집 앞으로 돌아서는 올레 골목만이 남았다. 곤을동은 항상 물이 고여 있다는 뜻으로 이제는 역사의 슬픔이 고여 있다.

〈곤을동 마을터〉

왜구의 침입을 막기 위한 화북진지

진지(진성)는 외적의 침입을 방어하기 위해 해안이나 내륙 지역에 쌓은 성곽이다. 제주의 대표적 해군기지 화북수전소(禾北水戰所)인 화북포는 얕고 비좁아 배 출입이 불편했다. 1734년 제주 목사 김정은 직접 부역을 독려하여 방죽을 쌓았고, 선박 출입의 검문소인 영송정을 지었다.

제주도의 2대 관문 중 하나인 화북포는 목사나 현감처럼 중앙에서 내려오는 관리들과 유배객들이 이곳을 통해 들어왔고, 나라에 바치는 공물이 이곳을 통해 육지로 올라갔으며 또한 왕명을 받은 사신을 환송하고 대접하는 시설인 화북진성(禾北鎭城)을 축조했다. 그래서 군사상으로 아주 중요했지만 축조된 시기는 9개의 진성 중에 가장 늦게 만들어졌다.

험한 군사기지 생활과 자연과 함께하는 낭만적인 설화가 전해진다. 『배비장전』에서는 화북진지의 환풍정(喚風亭: 제주를 찾은 사신이나 관리들을 접대하고 환송했던 객사)을 언급했는데 "환풍정 배를 내려 화북진에 당도하니 제주가 십팔경이라, 제일경은 망월루인데 망월루 살펴보니…"라며 화북포구 일대를 소개했다.

〈화북진지〉

탐라의 만리장성 (화북)환해장성

환해장성[38]은 제주도에서만 볼 수 있는 독특한 해안 방어 시설로 고려에서 조선까지 600여 년의 역사를 간직하고 있다.

삼별초를 막으려고 고려군이 쌓았던 돌담, 이어서 고려군을 막으려고 삼별초가 더 견고하게 쌓아 올린 돌담 성벽인 환해장성이 세월이 지난 후에는 일본 왜구들을 막아 주는 방패막이가 되었다.

제주 해안에는 모두 28개의 환해장성이 남아 있었지만, 이들 중 상태가 양호한 열 군데만 지방문화재로 관리되고 있다.

김상헌의 『남사록』에는 '바닷가 일대에는 석성을 쌓았는데 길게 이어져 끊어지지 않았다. 온 섬을 돌아가며 곳곳이 모두 그렇게 되어 있는데, 이것을 탐라 때 쌓은 만리장성이라고 한다'고 되어 있다.

〈(화북)환해장성〉

---

38) 제주올레10코스 제주도의 방어 유적 참조

방어 유적 별도연대

　　연대[39]는 사면이 바다인 제주도에만 있는 특이한 방어 유적으로, 제주시 화북동에 위치한 별도연대(別刀煙臺)에는 별장(別將)과 연군(煙軍))이 교대로 지켰으며, 동쪽으로 원당봉수, 서쪽으로는 사라봉수와 교신했다.

〈별도연대〉

---

39)　　제주올레10코스 제주도의 방어 유적 참조

용천수

용천수란 대수층을 따라 흐르는 지하수가 암석이나 지층의 틈을 통해 지표면으로 솟아나는 곳을 의미하며, 대부분 용암류의 말단부나 지질 경계부, 하천의 절벽이나 벼랑, 요철 지형의 오목지, 오름 기슭 등에 위치한다. 이는 중력의 지배를 받으며 유동하던 지하수가 갑작스러운 지형 변화로 지하수면이 지표에 노출됨으로써 생겨나는 현상이다.

○ 새각시물

옛사람들이 여자의 몸매를 닮았다고 하여 새각시물이라고 하며, 마시고, 몸 감고, 빨래하던 물이었다고 한다.

〈새각시물〉

○ 수룩물

남탕과 여탕으로 나뉘어져 있으며, 여성들이 이 물로 덕을 닦았다고 하여 수덕물이라고도 한다. 조천의 여인들은 수룩물을 생명과 풍요의 물이라 여겨 이곳에서

〈수룩물〉

제물을 차려 놓고 아이를 낳게 해 달라고 기도했다.

○ **엉물빨래터**

　전형적인 제주의 용천수로 쓰임에 따라 세 칸으로 분류했다. 위 칸은 먹는 물로 사용했고, 가운데 칸은 송키('채소'의 제주어)를 씻을 때 사용했고, 맨 아래 칸은 빨래할 때 사용했다.

〈엉물빨래터〉

3첩7봉을 품은 원당봉(元堂烽)

　　　　　이 봉은 제주시 삼양동에 위치하고 있으며, 높이는 해발 170.7m, 비고 120m에 달한다.

　원당봉은 3개의 능선과 7개의 봉우리로 이루어진 삼첩칠봉의 화산체로 분화구는 북쪽으로 벌어진 말굽형이다.

　원당봉은 후사가 없던 원나라 황제 순제의 기황후(고려 출신)가 황자를 얻기 위해 북두성(北斗星)의 명맥이 비치는 동쪽 바닷가 삼첩칠봉(三疊七峰: 3개의 능선과 7개의 봉우리)을 품은 원당봉에 원당사(元堂寺)라는 절을 세우고 빌었더니 왕자를 얻었다는 데서 유래한다고 한다.

　이후 이곳은 아들을 원하는 여인들의 성지처럼 됐었으나 조선시대 배불(排佛)정책으로 절이 헐리고 탑은 파묻혔다. 보물 1187호로 지정된 원당사 터 오층 석탑은 1929년 안봉노관(安蓬盧觀)이 찾아내어 절을 일으키면서 탑을 복원시켰다.

　조선 시대에 원당봉수는 동쪽으로 서산봉수, 서쪽으로 사라봉수와 교신했었다.

〈원당봉〉

임금에게 충정을 보내는 연북정

조천진성의 망루인 연북정은 제주 목사, 제주 판관, 정의 현감, 대정 현감 등 관리들이 북쪽 한양의 임금에게 충정을 보내면서 육지로 불려가기만을 간절한 마음으로 기다린다는 의미다. 망루의 정자는 원래 조천성 바깥의 객사였는데, 성을 동북쪽으로 돌려 쌓은 후에 옮겨 세웠다. 1590년 목사 이옥이 조천관을 중창하여 한라산과 푸른 바다가 마주 보는 곳에서 짝을 이룬다고 '쌍(雙)' 자와 푸를 '벽(碧)' 자를 넣어 쌍벽정(雙壁亭)이라 했다가, 1599년 성윤문 목사가 다시 건물을 수리하고 연북정(戀北亭)으로 이름을 바꿨다. 일제 강점기에는 경찰 주재소 등으로 이용되면서 훼손되었다가 1973년 보수되었다.

연북정에 오르면 유배 온 자의 아득한 심정을 떠올리는데, 과연 임금을 향한 끝없는 충정이었을까 아득한 원망의 마음이었을까.

정자 건물은 정면 3칸, 측면 2칸에 앞뒤 좌우 퇴(툇간에 놓은 마루)가 딸린 일곱 량 집이다. 일곱 량이란 서까래를 받치고 있는 도리가 일곱 개 있다는 뜻이다.

〈연북정〉

왜구의 침입을 막기 위한 조천진성

　　　　진성은 외적의 침입을 방어하기 위해 해안이나 내륙 지역에 쌓은 성곽으로, 조천진성을 처음 축조한 시기는 정확히 알 수 없으나 1374년 조천관(朝天館)을 세웠다는 기록이 있다.

　1590년 이옥이 제주 목사로 있을 때 성곽 일부를 개축했다는 기록이 있어서 그 이전에 축조했을 것으로 보이며, 쌍벽정(연북정으로 개칭)도 그때 만들어졌다. 성벽의 둘레는 약 128m, 내부 면적은 2,472㎡인데 성곽 원형이 잘 남아 있다.

　조선시대 제주지역에는 조천진성 외에도 화북진성, 별방진성, 수산진성, 서귀진성, 모슬진성, 차귀진성, 명월진성, 애월진성 등 9개 진성이 있었다. 조천진성은 9개의 진성 중 규모가 가장 작은 편으로 삼면이 바다로 둘러싸여 있고 한쪽이 육지와 연결된 성문 1개소만을 갖춘 독특한 구조다.

〈조천진성〉

방어 유적 조천연대

    연대[40]는 사면이 바다인 제주도에만 있는 특이한 방어 유적으로, 제주시 조천읍에 위치하며 관곶(舘串)연대라고도 하는 조천연대에는 별장(別將)과 연군(煙軍)이 교대로 지켰으며, 서쪽으로 원당봉수, 동쪽으로 왜포연대와 교신했다.

〈조천연대〉

---

40)   제주올레10코스 제주도의 방어 유적 참조

Tip 31. 김만덕 이야기

김만덕(金萬德)은 양갓집 막내딸로 태어나 12세에 부모를 잃고 고아가 되면서 친척 집에서 생활하였으나, 삶이 여의치 않아 제주목 관아기생이 되었다.

제주 목사 신광익에게 탄원하여 기적(妓籍)에서 이름을 빼달라고 끈질기게 매달려 20세에 원래의 양인(양인)으로 환원되었다. 그간 아껴 모은 돈으로 포구 인근에 객주(客主: 조선시대 때 다른 지역에서 오는 상인의 숙박을 치르며 물건을 맡아 팔거나 흥정을 붙여 주는 일을 하던 영업)집을 차려 제주특산물과 육지 산물을 교환·판매하는 상업에 종사해 많은 돈을 벌었다. 세월이 흐르며 김만덕은 제주와 남해 일대를 주름잡는 거상으로 변모했다.

1790년부터 5년 동안 제주에 흉년이 들자 평생 모은 전 재산을 털어 사들인 곡식으로 빈민을 구휼하였다. 1797년 그 공을 가상히 여긴 정조는 김만덕의 소원인 '한양 구경과 금강산 유람'이라는 소원을 들어주면서, 평민으로서는 예궐할 수 없으므로 임금 알현에 필요한 법적 신분으로 내의원 의녀반수(醫女班首)의 벼슬을 주었다.

본래 탐라의 여인은 출륙금지령[41]으로 인해 바다 건너 육지에 못 가지만, 정조 임금의 특별 조치로 한양에 갈 수 있었고, 당대의 재상 영의정 채제공을 만나 왕과 왕비에게 문안을 드릴 수 있었다. 고향으로 돌아간 김만덕은 제주 사람들의 사랑을 듬뿍 받으며 살다가 1812년 74세에 눈을 감는다.

정조 때 초계문신(抄啓文臣) 출신 관료들이 만덕 이야기를 가장 먼저 썼으며, 재상 채제공도 「만덕전」을 썼다. 추사 김정희는 「은광연세(恩光衍世)」라는 글을 지어 김만덕의 선행을 찬양했다.

---

41)   제주올레14코스 출륙금지령(出陸禁止令) 이야기 참조

제주올레18-1코스

추자도
최영 장군 사당
황경한의 묘

〈추자면사무소-신양항〉
(11.4km)

추자도에 도착하여 추자면사무소 안내소를 출발하여 봉글레 산을 오른 다음 등대를 지나고 추자대교를 건너서 예초리 기 정길을 걸어 신양리 간세에 도착한다.

〈상추자도〉

〈하추자도〉

제주섬 속의 섬 추자도

추자도는 4개의 유인도 상추자도, 하추자도, 추포도, 횡간도와 38개의 무인도가 모여 만든 제주섬 속의 섬으로 낚시꾼들의 성지이자 올레꾼들의 필수 코스인 섬이다.

추자도에 마을이 처음 들어선 것은 1271년(고려 원종 12년)부터이며 옛날 뱃길로 제주와 육지를 오가다 바람이 심하면 바람을 피해 가기 위해 기다리는 섬이라 하여 후풍도라 불리었다. 그 후 조선 태조 5년 이 섬에 추자나무 숲이 무성한 탓에 추자도로 불리게 되었다고 한다. 또한 해안선에 작지('자갈'이 제주어)가 많아 '짝제, 작지, 짝지'라 불리는 지명이 열여덟 군데나 된다.

1910년까지 전라남도에 속했다가 행정구역 개편으로 제주시로 편입되었지만, 생활은 호남 풍습이 많이 남아 있으며 언어도 전라도 사투리를 많이 쓴다. 추자도의 주요 산업은 수산업이며 특히 예로부터 멸치잡이로 유명하다.

추자도에서는 여느 고장에서도 찾기가 쉽지 않은 섣달그믐에 설차례를 지내는 독특한 풍습이 있다.

〈추자도〉

추자에 도움 준 최영 장군 사당

　　고려 시대, 1374년 제주도에서 발생한 목호의 난[42]을 진압하고 귀환하던 최영 장군은 풍랑을 만나 추자도에 머물게 됐다. 한 달가량 추자도에 머문 최영 장군은 궁핍하게 살고 있는 주민들을 안타깝게 여겨 그물 짜는 법과 어망으로 고기 잡는 법을 가르쳤다.

　　훗날 추자에서는 최영 장군의 공덕을 기리기 위해 사당을 짓고 매년 음력 2월 1일에 풍어와 풍농을 빌며 최영 장군 사당제를 지낸다고 한다.

〈최영 장군 사당〉

---

42)　제주올레7코스 목호의 난이란? 참조

정난주의 아들 황경한의 묘

황경한은 조선 순조 때 천주교 박해사건인 신유사옥(辛酉邪獄) 시 백서를 작성한 황사영과 정난주[43] 사이에 태어났다.

황사영은 1790년 약관 16세 나이로 사마시에 진사로 급제한 인재로서 당시 명문 가문인 정약용의 맏형 정약현의 딸 정난주와 결혼하였고 신유사옥(辛酉邪獄) 때 천주교도의 핵심 주무자로 지목되어 1801년 11월 5일 서소문 밖 사람들이 오가는 저잣거리에서 대역부도죄(大逆不道罪)를 저지른 중죄인으로 처참하게 순교하였으며, 부인 정난주는 제주도로 유배되었다.

황사영의 부인 정난주는 당시 2살이던 아들 황경한을 데리고 대정현의 관노로 유배되어 강진에서 배를 타고 제주로 가던 중 호송선이 예초리에 머물게 되었다. 정난주는 '자식은 노비로 만들 수 없다.'면서 뱃사람과 호송관리를 꾀어 아들의 이름과 내력을 적은 헝겊을 아기의 옷에 붙여 추자도 예초리 해안가 물살 세기로 유명한 물생이끝을 지날 때 배가 바위에 가까이 붙자마자 아기를 물새울 황새바위에 내리고 하늘이 보살펴 주길 바랐다.

다행히 소를 방목하던 하추자도 예초리 주민인 오씨 아내가 울고 있는 아이를 거두어 성장시켜 황씨가 없던 추자도에서 창원 황씨 입도(入道)조가 된다. 황경한의 후손들은 지금도 하추자도에 살고 있으며 황씨와 오씨는 한집안이라고 혼인하지 않는 풍습이 있다.

정난주는 제주에서 관노로 37년간 길고 긴 인욕(忍辱)의 세월을 살

---

43) 제주올레11코스 정난주마리아성지 참조

면서 아들을 그리워하다가 1838년 2월 28일 사랑하는 남편이 있는 하늘나라로 소천(素天)하였으며 아들은 자신의 내력을 알고 난 후 항상 어머니를 그리워하며 제주도에서 고깃배가 들어오면 어머니의 안부를 물어봤다고 전해진다.

근처에는 어미를 그리워하는 아들이 애끓는 소망에 하늘이 탐복하여 내리는 황경한의 눈물로서 가뭄에도 마르지 않고 늘 흐르는 샘이 있다. 세월이 흘러도 변하지 않는 감동적이고 애틋한 사연을 새롭게 열리는 추자올레길과 함께 단장하여 지나가는 올레꾼들에게 잔잔한 감흥을 불어 넣고 있다.

정난주와 황경한 모자의 사연을 간직한 추자에는 황경한의 묘가 있는 맞은편 예초리 바닷길에 제주에서 천주교의 뿌리가 되었다는 역사를 기억하며 눈물의 십자가를 세웠다.

〈황경한의 묘〉

〈눈물의 십자가〉

올레꾼이 쓴 제주올레길

제주올레18-2코스

추자도

〈신양항-추자면사무소〉
(10.2km)

신양항 간세를 출발하여 졸복산과 대왕산을 오르내리면서 아름다운 무인도 모습에 탄성을 지른 후, 추자대교를 건너서 추자면사무소 안내소에 도착한다.

〈상추자도〉

〈하추자도〉

제주섬 속의 섬 추자도

추자도는 4개의 유인도 상추자도, 하추자도, 추포도, 횡간도와 38개의 무인도가 모여 만든 제주섬 속의 섬으로 낚시꾼들의 성지이자 올레꾼들의 필수 코스인 섬이다.

추자도에 마을이 처음 들어선 것은 1271년(고려 원종 12년)부터이며 옛날 뱃길로 제주와 육지를 오가다 바람이 심하면 바람을 피해 가기 위해 기다리는 섬이라 하여 후풍도라 불리었다. 그 후 조선 태조 5년 이 섬에 추자나무 숲이 무성한 탓에 추자도로 불리게 되었다고 한다. 또한 해안선에 작지('자갈'이 제주어)가 많아 '짝제, 작지, 짝지'라 불리는 지명이 열여덟 군데나 된다.

1910년까지 전라남도에 속했다가 행정구역 개편으로 제주시로 편입되었지만, 생활은 호남 풍습이 많이 남아 있으며 언어도 전라도 사투리를 많이 쓴다. 추자도의 주요 산업은 수산업이며 특히 예로부터 멸치잡이로 유명하다.

추자도에서는 여느 고장에서도 찾기가 쉽지 않은 섣달그믐에 설 차례를 지내는 독특한 풍습이 있다.

〈추자도〉

올레꾼이 쓴 제주올레길

〈나바론 절벽〉

〈추자도 일몰〉

〈추자도 후포해변〉

제주올레19코스

〈조천만세동산-김녕 서포구〉
(19.4km)

조천만세동산 안내소를 출발하여 관곶을 지나 바닷바람이 시원한 해안길을 걷고 함덕해수욕장을 지나서 서우봉을 오른 다음 너븐숭이 유적지와 풀 냄새가 물씬 풍기는 농로길을 걷고 동복 곶자왈 숲길을 거쳐서 김녕 서포구 간세에 도착한다.

〈함덕해수욕장〉

제주의 만세운동 발생지 조천만세동산

　　제주의 만세운동은 3월 21일부터 3월 24일까지 4일간 진행되었는데 연일 수백 명이 모여 시위를 했다. 3월 21일의 시위는 유림 김시우의 기일에 미밋동산(현재 만세동산)에서 시작되었다.

　　조천만세운동에 불씨를 가지고 온 사람은 조천 출신 항일운동가 김시학의 아들 김장환으로 휘문고등학교 4학년 재학 중이던 기미년 3·1 만세운동에 직접 참여한 다음, 3월 16일 독립선언서를 품에 안고 조천으로 돌아온다. 김장환은 숙부 김시범을 만나 서울 소식을 전하며 만세운동을 하자고 설득했다.

　　처음에는 150명 정도에 불과했으나 김필원이 혈서로 독립만세를 쓰고 나서자 군중은 500명으로 불어났다. 시위대는 비석거리를 거쳐 제주성내를 향해 행진을 시작하여 신촌에 이르자 경찰에 의해 13명이 연행되면서 시위는 끝나고 말았다. 이후 3일 시위는 계속되었지만, 주동자가 체포되면서 일단락되는 형식으로 결국 3월 24일 14명의 거사 동지가 체포되면서 제주의 만세운동은 막을 내렸다.

〈조천만세동산〉

해녀들의 휴게 장소 고남불턱

불턱은 해녀들이 옷을 갈아입고 언 몸을 녹이고, 물질하다 아기에게 젖을 먹이는 해녀들의 공동체 공간이었고 마을과 가정의 대소사를 의논하기도 하였다. 불은 불씨, 덕은 불자리, 턱은 덕의 탁음으로, 불덕이 불턱이 되었다.

〈고남불턱〉

바다로 들어갈 준비를 하는 곳이며 작업 중 휴식하는 장소이다. 이곳에서 애기 해녀가 첫 물질을 어른들에게 신고하며, 상군 해녀로부터 물질에 대한 지식, 물질 요령, 어장의 위치 파악 등 물질 작업에 대한 정보 및 기술을 전수하고 습득한다.

현대식 탈의실이 생기기 이전에 해녀들은 물질 갈 때 질구덕에 태왁과 망사리, 비창, 호멩이 등 물질 도구와 함께 불을 피울 '지들커'(땔감)를 가지고 갔다. 지들커를 많이 가지고 가면 어른 해녀들에게 착하다는 인사도 받고, 지들커가 시원치 않았을 때는 야단을 맞기도 하였다. 이 지들커는 바닷가에 설치된 불턱에서 물질을 한 후 언 몸을 녹일 때 사용한다.

신흥리에 위치한 고남불턱은 원형불턱으로 규모는 크지 않지만 제주의 전형적인 돌담을 쌓아 만든 불턱이다.

다리를 만들다가 중단한 관곶(엉장매코지)

엉장매코지는 설문대할망이 육지와 연결하는 다리를 놓다가 중단한 곳으로 '엉장매코지'는 '해안에 돌출된 높은 절벽'이라는 뜻이다. 엉장매코지는 물 위에 살짝 드러나서 잠길락 말락 하는 야트막한 동산이 있고 해변에서 바다로 얼마간 뻗어나간 코지(곶)가 있다.

조천관(육지로 가기 위해 좋은 바람을 기다리던 관리들의 숙소) 내에 속한 제일 동쪽 끝의 곶(串)이기 때문에 '관곶'으로 불렸고, 제주 울돌목이라 할 만큼 지나가던 배가 뒤집어질 정도로 파도가 거센 곳이기도 하다.

제주에서 해남 땅끝 마을과 가장 가까운 곳(83km)이다.

〈관곶(엉장매코지)〉

Tip 32. 관곶(엉장매코지) 이야기

제주 사람들은 육지에 가는 것이 너무 어려워서 어느 날 설문대할망을 찾아갔다.
"설문대할망님, 지난번 우리 아방 육지가젠 해신디 보름 불언 못갔쑤게."(설문
대할머니, 지난번 우리 아버지 육지 가려고 했는데 바람 불어서 못 갔습니다.)
"말 맙써. 우리 아들 육지가당 바당에 빠전 죽었쑤다."(말 마십시오. 우리 아들
육지 가다가 바다에 빠져 죽었습니다.)
사람들은 설문대할망을 붙잡고 애원하였지요.
"제발 육지 가는 다리 하나 놔 줍써."(제발 육지 가는 다리 하나 만들어 주세요.)
사람들은 배로 육지에 가려니 물에 빠져 죽기도 하고, 험한 파도를 가르며 가는
뭍 나들이에 지쳐 있었다.
"못할 거 없지. 경 허주."(못할 것 없지. 그렇게 하마.)
설문대할망은 섬사람들에게 옷이 한 벌 뿐이니 명주 백 동으로 속옷을 만들어
주면 육지까지 다리를 놓아 준다고 약속한다. 그래서 제주 사람들은 모두 힘을
다하여 명주를 모았다. 그러나 99동밖에 모으질 못했다. 할망의 속옷은 미완성
이 되어 버렸고 다리를 놓는 일도 중도에 그만두게 되었다. 그때 육지와 다리를
놓던 흔적이 조천읍 신촌리 앞바다에 남아 있는데, 육지를 향해 흘러 뻗어나간
엉장매코지가 바로 그곳이다. 만일 그때 명주 한 동을 채워서 육지와 다리가 놓
였다면, 지금 제주도는 어떤 모습이 됐을까.

올레꾼이 쓴 제주올레길

탐라의 만리장성 (조천)환해장성

환해장성[44]은 제주도에서만 볼 수 있는 독특한 해안 방어 시설로 고려에서 조선까지 600여 년의 역사를 간직하고 있다.

삼별초를 막으려고 고려군이 쌓았던 돌담, 이어서 고려군을 막으려고 삼별초가 더 견고하게 쌓아 올린 돌담 성벽인 환해장성이 세월이 지난 후에는 일본 왜구들을 막아 주는 방패막이가 되었다.

제주 해안에는 모두 28개의 환해장성이 남아 있었지만, 이들 중 상태가 양호한 열 군데만 지방문화재로 관리되고 있다.

김상헌의 『남사록』에는 '바닷가 일대에는 석성을 쌓았는데 길게 이어져 끊어지지 않았다. 온 섬을 돌아가며 곳곳이 모두 그렇게 되어 있는데, 이것을 탐라 때 쌓은 만리장성이라고 한다'고 되어 있다.

〈(조천)환해장성〉

---

44)　제주올레10코스 제주도의 방어 유적 참조

금남지역 여신당인 볼레낭 할망당

신흥리 포구 서쪽에 있는 볼레낭 할망당('볼레낭'은 보리수 나무를 뜻하는 제주어이고, '할망'은 여신을 뜻하는 제주어)은 보리수 나무 앞에 여신당을 모실 수 있게 돌담을 두른 돌로 된 제단이다.

신흥마을이 생긴 뒤 주민들은 풍족하지 못한 삶 때문에 바다에 나가 파래, 톳 등을 캐며 생계를 이어갔다. 어느 날 한 왜선에서 내린 왜인이 파래를 캐러 바다로 나온 열다섯 난 박 씨 아미를 겁탈하려 든다. 그러자 박 씨는 도망치다 볼레낭 아래까지 도망쳤지만 잡혀서 겁탈을 당하고 죽었다. 주민들은 박 씨를 위해 그 자리에 당을 만들어 모시고 있다.

금남지역인 여신당으로 남자에게 수모를 당했기 때문에 남자 심방('무당'의 제주어)도 신당에 들어갈 수 없었는데, 현재는 해안도로가 생겨 당 바로 옆으로 길이 통과하고 있다.

〈볼레낭 할망당〉

올레꾼이 쓴 제주올레길

바다에 있는 신흥리 방사탑

　　신흥리 방사탑[45]은 바다 위에 세워진 유일한 방사탑으로, 1898년 북쪽에서 마을로 들어오는 나쁜 기운을 막기 위해 남쪽과 북쪽에 각각 1기씩 탑을 세웠다.

　　남쪽 포구에 있는 탑은 큰개탑 또는 생이탑이라 하며, 또한 상단부가 오목하여 여성을 상징하는 음탑을 뜻한다.

　　북쪽에 있는 탑은 오다리탑, 또는 오래탑이라 하고, 탑 위에는 길쭉한 돌이 세워져 있어서 남성을 상징하는 양탑이라고 한다.

〈신흥리 방사탑〉

---

45)　제주올레12코스 방사탑 이야기 참조

용천수

　　용천수란 대수층을 따라 흐르는 지하수가 암석이나 지층의 틈을 통해 지표면으로 솟아나는 곳을 의미하며, 대부분 용암류의 말단부나 지질 경계부, 하천의 절벽이나 벼랑, 요철 지형의 오목지, 오름 기슭 등에 위치한다. 이는 중력의 지배를 받으며 유동하던 지하수가 갑작스러운 지형 변화로 지하수면이 지표에 노출됨으로써 생겨나는 현상이다.

○ 쇠물깍

　신흥리 큰물에서 아래쪽 바다로 흐르는 신흥리의 발상지이며 삶의 터전인 쇠물깍은 돈물깍 또는 쉐물깍 등으로 불린다. 수도 공급이 되지 않았을 때는 음용수로 사용되어 왔고, 가뭄이 들었을 때는 지역뿐만 아니라 인근 농경지의 농업용수로도 쓰였다.

〈쇠물깍〉

○ 큰물

신흥리 마을 어귀에 자리
하여 암반 틈에서 용출하여
쇠물깍 옛 포구가 있는 바다
로 흐르는 용천수다. 용출된
물은 사각 형태의 식수통에
모아져 식수로 사용하였고,
넘친 물은 배추나 나무 따위

〈신흥물〉

의 음식물을 씻는 용도로 사용되었다. 이 산물은 여찿('여자'를 뜻하
는 제주어)물이라고 하여 신흥리의 설촌 배경이 되고, 마을의 중요한
식수원으로서 귀한 생명수였다. 근처에는 소나이('남자'를 뜻하는 제
주어)물이라고 불리는 신흥물도 있다.

〈큰물〉

삼별초 항쟁 유적 함덕해수욕장

    삼별초의 난[46] 때 여몽(麗蒙) 연합군이 상륙한 전적지로 삼별초 토벌을 위해 1273년 4월 토벌군 주력인 김방경의 중군은 동쪽인 함덕포로, 홍다구의 좌군은 서쪽인 명월포로 상륙하는 양동(陽動) 작전을 성공시켰다.

  함덕해수욕장은 김방경(金方慶)의 중군이 병사 1만과 전선 160척으로 무방비 상태의 함덕포로 상륙 복병해 있었던 삼별초군과 대접전을 벌였던 장소로, 당시 전사한 수많은 병사들의 것으로 보이는 해골들이 최근까지 발굴되기도 하였다.

〈함덕해수욕장〉

---

46)   제주올레16코스 삼별초의 난이란? 참조

물소를 닮았다는 서우봉[犀牛烽]

이 오름은 제주시 조천읍에 위치하고 있으며, 높이는 해발 113.2m, 비고 106m에 달한다.

서우봉의 호칭은 3가지로 서모, 서산(西山), 서우봉(犀牛峰)으로 불린다. 서모란 서쪽에 있는 산이란 뜻으로, 서산(西山)의 본디 우리말이다. 또한 서우봉은 물소가 막 바다에서 기어 올라온 형체여서 무소 서(犀)를 써서 서우봉이라 불렀다고 한다.

완만한 등성이가 크게 두 봉우리를 이루면서 바다로 흘러드는데 대부분 솔숲으로 덮여 있고, 남쪽 봉우리를 남서모, 봉수대(西山烽, 西山望)가 있었던 북쪽 봉우리를 망오름이라 한다.

급경사의 북사면 낭떠러지 기슭에는 태평양 전쟁 말기 결7호 작전[47]에 따라 일본군이 파놓은 진지동굴 20여 개가 바다를 향해 흉측한 아가리를 벌리고 있다.

서우봉 바닷가에는 예부터 시체가 많이 떠올라서 오름을 사이에 두고 함덕과 북촌 두 마을 사이에 시체 치우기의 고역과 멸치 어장의 이권이 얽혀 구역 분쟁이 잦았다고 한다.

---

47) 제주올레1코스 결7호 작전이란? 참조

〈서우봉〉

올레꾼이 쓴 제주올레길

○ 진지동굴

태평양 전쟁 말기 수세에 몰린 일본이 천황제 유지를 위한 결7호 작전에 따라 전세를 역전시키기 위한 특수병기를 개발하여 배치하였다. 특수병기는 비행기, 어뢰정, 선박 등에 폭탄을 싣고 연합군을 직접 공격하는 자살 공격용 무기를 의미한다.

동굴을 만드는 데 강제로 동원된 전라도 광산 기술자 800여 명을 비롯한 제주 사람들에게 변변한 장비나 먹을 것도 제공하지 않은 채 6개월 이상 노역을 시켰다고 하니 이는 부인할 수 없는 우리 선조들이 겪었던 고통과 참상의 현장이다.

서우봉 일제 동굴 진지는 해안 절벽을 따라 동굴 진지 18곳, 벙커 2곳이 구축되어 있다. 자살 공격을 위한 특공기지의 구축형식뿐만 아니라 제주의 방어 전략 등을 파악할 수 있는 중요한 유적이다.

〈진지동굴〉

4·3 유적 너븐숭이유적지

주민들이 일터로 가거나 들어오면서 쉬어가는 멍석같은 널찍한 돌판을 '너븐숭이'라고 불리는데, 이 장소가 1949년 끔찍한 학살의 현장이었다고 한다. 너븐숭이 4·3 기념관이 있고, 4.3의 물꼬를 튼 현기영의 소설 '순이삼촌 문학비'가 옴팡밭에 세워져 있다.

옴팡밭이란 '오목하게 쏙 들어가 있는 밭'으로 4·3 당시 최대의 인명 피해로 기록되는 1949년 1월 17일 북촌 대학살 현장이다. 당시 이 일대는 마치 무를 뽑아 널어놓은 것처럼 시체들이 널브러져 있었다고 한다. 이 밭 가운데 있는 작은 봉분도 당시 희생된 어린아이 무덤이다.

너븐숭이에는 애기 무덤들이 남아 있다. 아이들 영혼은 저승에 가지 않고 까마귀가 갖고 간다 하여 정식 무덤을 쓰지 않는 제주풍습이 있어, 그 풍습에 따라 죽은 아기의 시신은 임시 매장한 상태로 묻혀 있다고 한다. 20여 기 애기 무덤 중 8기 이상은 북촌대학살 때 희생된 어린 아기의 무덤으로 추정한다.

〈애기 무덤〉 〈옴팡밭〉

탐라의 만리장성 (북촌)환해장성

　　환해장성[48]은 제주도에서만 볼 수 있는 독특한 해안 방어 시설로 고려에서 조선까지 600여 년의 역사를 간직하고 있다.

　삼별초를 막으려고 고려군이 쌓았던 돌담, 이어서 고려군을 막으려고 삼별초가 더 견고하게 쌓아 올린 돌담 성벽인 환해장성이 세월이 지난 후에는 일본 왜구들을 막아 주는 방패막이가 되었다.

　제주 해안에는 모두 28개의 환해장성이 남아 있었지만, 이들 중 상태가 양호한 열 군데만 지방문화재로 관리되고 있다.

　김상헌의 『남사록』에는 '바닷가 일대에는 석성을 쌓았는데 길게 이어져 끊어지지 않았다. 온 섬을 돌아가며 곳곳이 모두 그렇게 되어 있는데, 이것을 탐라 때 쌓은 만리장성이라고 한다'고 되어 있다.

〈(북촌)환해장성〉

---

48)　　제주올레10코스 제주도의 방어 유적 참조

옛 등대 (북촌)등명대

    등명대는 제주도 해안가 마을의 포구마다 하나씩 있었는데 그 모양이 원뿔 모양, 원통 모양, 사다리꼴 모양 등 저마다 달랐다고 한다. 해 질 무렵 바다로 나가는 어부들이 켜면 아침에 들어오는 어부들이 껐다고 한다.

    북촌리 포구에 세워진 이 등명대는 속칭 도대불이라고도 하며, 고기잡이배가 무사히 돌아올 수 있게 하기 위해서 1915년 마을 사람들이 세웠다. 등불의 연료로는 처음에는 생선 기름이나 송진을 쓰다가 나중에는 석유를 이용했고 1972년 마을에 전기가 들어오면서 더 이상 사용하지 않게 되었다.

〈(북촌)등명대〉

올레꾼이 쓴 제주올레길

4·3유적 북촌포구

　　1948년 6월 16일 우도지서장과 순경을 포함한 가족 13명을 태운 한 척의 배가 우도에서 출발하여 제주읍으로 향하던 중 갑자기 몰아친 풍랑 때문에 북촌 포구로 뱃머리를 돌렸다.

　북촌포구로 들어서면서 당시 지서장은 고기떼를 향해 총을 쏘았다. 이 총소리를 듣고 접근한 무장대에 의해 경찰 2명이 희생된 슬픈 사연이 있는 포구다.

〈북촌포구〉

Tip 33. 설문대할망 이야기

태초에 탐라에는 세상에서 가장 키가 크고 힘이 센 설문대할망이 살고 있었다. 어느 날 누워서 자던 할머니가 벌떡 일어나 앉아 방귀를 뀌었더니 천지가 창조되기 시작했다. 불꽃 섬은 굉음을 내며 요동을 치고, 불기둥이 하늘로 솟아올랐다. 할망은 바닷물과 흙을 삽으로 퍼서 불을 끄고 치마폭에 흙을 담아 날라 부지런히 한라산을 만들었다. 흙으로 한라산을 이루고 치맛자락 터진 구멍으로 흘러내린 흙들이 모여서 오름들이 생겼다. 또 할망이 싸는 오줌발에 성산포 땅이 뜯겨 나가 소섬이 되었다고 한다.

할망은 헌 치마 한 벌밖에 없었기 때문에 늘 빨래를 해야만 했다. 한라산에 엉덩이를 깔고 앉고, 한쪽 다리는 관탈섬에 놓고, 또 한쪽 다리는 서귀포시 앞바다 지귀섬에 놓고서, 성산봉을 빨래 바구니 삼고, 소섬을 빨래판 삼아 빨래를 했다. 일출봉에는 한라산을 만들면서 닳아 빠진 날개옷을 기울 때 불을 밝혔던 등경돌이 있다. 가끔은 한라산을 베개 삼고 누워 발끝은 바닷물에 담그고 물장구를 쳤다.

관곶에는 육지까지 다리를 놓다가 그만둔 엉장매코지도 있고, 고근산 꼭대기에는 둥그스름한 엉덩이 자국이 패여 있고, 범섬에는 발가락으로 뚫었다고 하는 커다란 구멍이 있다.

할망은 자신의 키가 큰 것을 늘 자랑하였다. 용연물이 깊다고 하기에 들어섰더니 발등에 겨우 닿았고, 홍리물은 무릎까지 올라왔다. 그러나 한라산 물장오리 물은 밑이 없는 연못이라 나오려는 순간 빠져 죽고 말았다. 설문대는 한라산의 정령들과 마지막 인사를 나누었다. '나 이제 이 땅에 스며들련다. 이 섬의 흙은 내 살이요, 이 섬의 물은 내 피요, 이 섬의 돌은 내 뼈라.'면서 물장올 호수 속으로 빨려 들어갔다.

할망의 죽음과 오백장군의 이야기가 결합된 다음과 같은 이야기도 있다. 설문대할망은 오백장군을 낳아 한라산에서 살고 있었다. 식구는 많고 가난한데다 마침 흉년까지 겹쳐 끼니를 이어갈 수 없었다. 할머니는 아들들에게 밖으로 나가 양식을 구해 오라고 했다. 오백 형제들은 모두 양식을 구하러 나가고, 할망은 죽을 끓이기 시작했다.

백록담에 큰 가마솥을 걸고 불을 지핀 다음, 솥전 위를 걸어 돌아다니며 죽을 저었다. 그러다가 그만 발을 잘못 디디어 할망은 죽 솥에 빠져 죽어 버렸다. 그런 줄도 모르고 오백 형제는 돌아와서 죽을 먹기 시작했다. 여느 때보다 죽 맛이 좋았다. 맨 마지막에 돌아온 막내가 죽을 뜨려고 솥을 젓다가 이상한 뼈다귀를 발견했다. 다시 살펴보니 어머니의 뼈가 틀림없었다. 동생은 어머니의 고기를 먹은 불효한 형들과 같이 있을 수 없다고 통탄하며 멀리 한경면 고산 차귀섬으로 달려가 한없이 울다가 그만 바위가 되어 버렸다. 이것을 본 형들도 그제야 사실을 알고 여기저기 늘어서서 한없이 통곡하다가 모두 바위로 굳어졌다. 그러니 영실(靈室)에는 499 장군이 있고, 차귀섬에 막내 하나가 외롭게 서 있다.

〈영실 계곡〉

〈신흥 포구〉

제주올레20코스

〈김녕 서포구-제주해녀박물관〉
(17.6km)

김녕 서포구 간세를 출발하여 김녕 성세기해변을 지나 바닷바
람이 시원한 해안길을 걷고 월정해변과 행원포구 광해군 기착
비를 거쳐서 풀 냄새가 물씬 풍기는 농로를 걷고 세화 해녀박
물관 안내소에 도착한다.

〈월정해안〉

생명을 낳고 보관하는 조간대

　　조간대는 밀물일 때 바닷물에 잠기고 썰물일 때는 드러나는 해안선 사이의 부분을 말한다. 이 일대는 해수면이 낮았던 시기에 점성이 낮은 용암이 흐르면서 평탄한 용암 대지를 형성하였다. 그리고 해수면이 점차 높아지면서 조간대가 발달하고 조간대 용암의 표면에는 밧줄구조나 치약구조와 같이 용암이 남긴 흔적을 관찰할 수 있다.

　　조간대는 여러 생물이 살아가는 중간 다리 역할을 하며 희귀한 철새들을 볼 수 있기도 하다. 또한 어린 물고기와 감각류가 안전하게 클 수 있는 장소이며, 산란장의 역할과 환경 정화기능을 한다. 즉 인간과 자연이 공존하는 장소인 것이다. 그러나 조간대 곳곳이 파래 더미로 해안을 덮고 있고, 바다로 길게 이어진 방파제는 물의 흐름을 막고 있다. 생명을 낳고 보존하는 조간대가 인간에 의해 무너지고 있는 것이 안타깝다.

〈조간대〉

옛 등대 (김녕)도대불

　　바다로 나간 배들의 밤길을 안전하게 밝혀 주는 신호 유적
으로 제주도의 민간 등대를 말한다. 도대불은 제주도 해안가 마을의
포구마다 하나씩 있었는데 그 모양이 원뿔 모양, 원통 모양, 사다리꼴
모양 등 저마다 달랐다고 한다.

　김녕 도대불의 등불은 해 질 무렵 바다로 나가는 어부들이 켜면 아
침에 들어오는 어부들이 껐다고 한다. 등불의 연료로는 생선 기름이
나 송진을 쓰다가 나중에는 석유를 이용했고 1972년 마을에 전기가
들어오면서 더 이상 사용하지 않게 되었다.

　김녕 도대불은 원래 상자 모양이었으나 1960년경 태풍으로 허물어
져 지금의 원뿔 모양으로 다시 만들어졌다.

〈(김녕)도대불〉

올레꾼이 쓴 제주올레길

고려시대 현이 있었던 김녕리

　　제주시에서 동쪽으로 약 22km 떨어진 해안가에 위치한 마을로서 사람이 살기 시작한 것은 그 연대가 확실하지 않으나 궤내기굴에서 선사 유물들이 발굴되는 점 등으로 보아 그 연대가 약 2천 년 전후로 추측된다.

　　김녕은 신라 시대에 이미 마을이 섰고, 고려시대에 현(縣)이 설치되었던 마을로, 1510년까지 김녕방호소가 있었다.

　　1914년 일제 강점기 기간에는 동쪽 부분을 동김녕리, 서쪽 부분을 서김녕리로 분리하여 주민 간 갈등을 야기하기도 하였다.

〈김녕리 원경〉

김녕 성세기해변

거대한 용암 대지 위에 모래가 쌓여 만들어진 성세기 해변은 김녕해수욕장[49]이라는 이름으로 더욱 유명한 곳이다.

성세기라는 이름은 외세의 침략을 막기 위한 작은 성이라는 의미를 담고 있다.

〈김녕 성세기해변〉

---

49) 제주올레3B코스 해수욕장 이야기 참조

Tip 34. 구좌면 이야기

조선시대에는 섬 동쪽을 좌면, 서쪽을 우면이라 했고, 1895년 좌면은 신좌면과 구좌면으로 나누었다. 1935년 제주도 행정 명칭이 신좌면은 조천면으로 바뀌었지만 구좌면은 그대로 두었다.

김녕리는 고려시대 현이 있던 유서 깊은 마을이고, 세화리는 면 소재지라서 마음대로 바꿀 수가 없었다.

5대 명산 두럭산

　　김녕리 해안 주변에는 점성이 낮은 용암으로 형성된 넓은 용암 대지가 발달해 있다. 용암이 흐르는 동안 장애물을 만나거나 앞부분이 먼저 식으면 뜨거운 용암 내부가 빵처럼 부풀어 올라 언덕 형태의 지형을 만들게 되는데 이런 지형을 투물러스(Tumulus)라고 부른다.

　한편 김녕 덩개해안에서는 1년에 딱 한 번 바다가 가장 낮아지는 음력 3월 15일에 바다 위로 솟아오르는 특별한 바위를 볼 수 있다. 두럭산이라 불리는 이 바위는 오래전부터 한라산, 청산(성산일출봉), 영주산, 산방산과 더불어 제주의 5대 산 중 하나로 알려지고 있다.

　두럭산은 한라산과 대(對)가 되는 산으로, 한라산에서 장군이 나면 두럭산에서는 장군이 탈 용마가 난다고 했다.

　그래서 두럭산을 신성한 바위로 생각해서 그 가까이에서는 언동을 조심한다. 만일 해녀가 바다에 나갔다가 이 두럭산에서 큰 소리를 지르면 바다에 풍랑이 일어 곤경에 빠진다고 한다.

〈두럭산〉

탐라의 만리장성 (김녕)환해장성

환해장성[50]은 제주도에서만 볼 수 있는 독특한 해안 방어 시설로 고려에서 조선까지 600여 년의 역사를 간직하고 있다.

삼별초를 막으려고 고려군이 쌓았던 돌담, 이어서 고려군을 막으려고 삼별초가 더 견고하게 쌓아 올린 돌담 성벽인 환해장성이 세월이 지난 후에는 일본 왜구들을 막아 주는 방패막이가 되었다.

제주 해안에는 모두 28개의 환해장성이 남아 있었지만, 이들 중 상태가 양호한 열 군데만 지방문화재로 관리되고 있다.

김상헌의 『남사록』에는 '바닷가 일대에는 석성을 쌓았는데 길게 이어져 끊어지지 않았다. 온 섬을 돌아가며 곳곳이 모두 그렇게 되어 있는데, 이것을 탐라 때 쌓은 만리장성이라고 한다'고 되어 있다.

〈(김녕)환해장성〉

---

50)   제주올레10코스 제주도의 방어 유적 참조

광해군이 첫발을 디딘 행원포구(어등포)

　　왜구의 상륙이 예상되는 8개의 수군방어소 중 하나가 있었던 포구로, 조선의 15대 왕인 광해군이 제주도로 유배 와서 첫 발을 디뎠다는 포구다.

　고기들이 바람에 밀려 들어오는 포구라고 해서 어등포(魚登浦)라 하기도 하며, 또한 유배 온 광해 임금이 첫발을 디딘 포구라고 해서 어등포(於登浦)라고 하였다.

〈행원포구(어등포)〉

해녀들의 휴식장소 어멍불턱

불턱은 해녀들이 옷을 갈아입고 언 몸을 녹이고, 물질하다 아기에게 젖을 먹이는 해녀들의 공동체 공간이었고 마을과 가정의 대소사를 의논하기도 하였다. 불은 불씨, 덕은 불자리, 턱은

〈어멍불턱〉

덕의 탁음으로, 불덕이 불턱이 되었다.

바다로 들어갈 준비를 하는 곳이며 작업 중 휴식하는 장소이다. 이곳에서 애기 해녀가 첫 물질을 어른들에게 신고하며, 상군 해녀로부터 물질에 대한 지식, 물질 요령, 어장의 위치 파악 등 물질 작업에 대한 정보 및 기술을 전수하고 습득한다.

현대식 탈의실이 생기기 이전에 해녀들은 물질 갈 때 질구덕에 태왁과 망사리, 비창, 호멩이 등 물질 도구와 함께 불을 피울 '지들커'(땔감)를 가지고 갔다. 지들커를 많이 가지고 가면 어른 해녀들에게 착하다는 인사도 받고, 지들커가 시원치 않았을 때는 야단을 맞기도 하였다. 이 지들커는 바닷가에 설치된 불턱에서 물질을 한 후 언 몸을 녹일 때 사용한다.

어등포에 위치한 어멍불턱은 원형불턱으로 규모는 크지 않지만 제주의 전형적인 돌담을 쌓아 만든 불턱이다.

방어 유적 좌가연대

연대[51]는 사면이 바다인 제주도에만 있는 특이한 방어 유적으로, 구좌읍 한동리 북쪽 좌가장이라는 곳에 위치한 좌가연대(佐可煙臺)에는 별장(別將)과 연군(煙軍)이 교대로 지켰으며, 동쪽으로 왕가봉수, 서쪽으로 무주연대와 교신했다.

〈좌가연대〉

---

51) 제주올레10코스 제주도의 방어 유적 참조

호국영웅 고태문로

고태문은 1929년 구좌읍 한동리에서 태어나 6·25 한국전쟁이 발발하자 육군에 자원입대하여 1950년 10월 소위에 임관되면서 육군 보병 제11사단 제9연대 소속 소대장으로 배속되었다.

〈고태문로〉

1951년 8월 24일 고태문 소위는 강원도 양구군 해안분지(일명 펀치볼) 동쪽 고성군 남강 북쪽에 인접해 있는 전략적 요충지 884고지 전투에서 치열한 백병전을 전개하여 고지를 탈환하는 데 큰 공을 세웠다. 그해 육군 중위로 진급하여 육군 보병 제5사단 제7연대 제9중대장으로 고성지역의 전략적 요충지 351고지를 방어하던 중 1952년 11월 12일 적 2개 중대의 공격을 받고 치열한 공방전을 벌이다 중과부적으로 진지 사수가 어렵게 되자 중대원들을 먼저 철수시킨 뒤 적탄을 맞고 장렬히 전사하였다. 숨을 거두기 전 반드시 고지를 탈환하라는 유언이 알려져 다음 날 중대원들에 의해 351고지는 재탈환되었다.

고인은 정부로부터 생전 화랑무공훈장과 충무무공훈장을 수여 받았으며 사후에는 대위로 1계급 특진과 함께 을지무공훈장을 추서 받았다. 2015년 8월 제주특별자치도는 고인의 생가 인근 이곳을 '호국영웅 고태문로'로 지정하였다.

Tip 35. 광해군 이야기

선조의 둘째 아들인 광해군은 세자 책봉 문제로 임해군과 갈등을 빚었으나 1592년 임진왜란이 발발하자 국난에 대비한다는 명분으로, 선조는 피난지인 평양에서 서둘러 세자로 책봉하고 조정의 책임을 나누는 분조의 책임을 맡는다. 전쟁이 끝나 선조가 죽자 분조 활동으로 많은 공을 세운 광해군이 대북파의 지지를 받아 1608년 왕위에 올랐다.

그러나 이이첨, 정인홍 등 대북파의 전횡은 임금이 임금 같지 않고 신하는 신하 같지 않았으며, 따라서 나라는 나라 꼴이 아니었다. 임금에게 말을 올릴 수 있는 길이 막혔고, 뇌물정치는 공공연히 판을 치며 매관매직이 성행하였다.

왕위계승을 둘러싸고 주변 세력들이 갈등을 빚다가 1623년 인조반정에 의해 혼란무도(昏亂無道) 실정백출(失政百出)이란 죄로 폐위, 처음 강화도 교동(喬桐)으로 유배되었다가 태안을 거쳐 병자호란이 일어난 이듬해인 1637년 유배소를 제주도로 옮기려 사중사(事中使), 별장, 내관, 도사, 대전별감, 나인(內人), 서리(書吏), 나장(羅將) 등이 임금을 압송하여, 6월 16일 어등포(於登浦: 임금이 오른 포구)로 입항하여 일박하였다.

이때 호송 책임자 이원로(李元老)가 왕에게 제주라는 사실을 알리자 깜짝 놀라면서, "내가 어찌 여기 왔느냐, 내가 어찌 이곳까지 왔느냐" 하며 안정을 찾지 못했다. 당시 인조는 광해군에게 유배지역을 알리지 않았고 심지어 바다를 건널 때 배의 사방을 모두 가려 밖을 보지 못하도록 했다. 다음날 주성 망경루 서쪽에 위리안치(유배형 가운데 하나로 귀양 간 곳의 집 둘레를 가시 많은 나무로 두르고 사람을 가두는 것) 유배되었다.

제주 유배 4년 4개월 만인 1641년 67세의 나이로 생을 마쳤다. 목사 이시방(李時昉)이 염습, 호송책임 채유후(蔡裕後)에 의해 8월 18일 출항, 상경하였다. 광해군은 연산군(燕山君)과 달리 성실하고 과단성 있게 정사를 펼쳤으나 당쟁의

와중에 희생된 임금으로 평가받고 있다. 광해군은 제주에 유배되어 온 사람 가운데 가장 신분이 높았던 인물이다.

광해군의 유배로 제주도 사람들은 왕족의 예절과 생활양식을 목격하게 되었고, 조정의 고관들이 왕래하면서 직접 제주도의 사정을 엿보고 실정을 조정에 반영시킬 기회가 되기도 하였다. 광해군이 죽자 인조는 7일간의 소찬으로 조의를 표하고 예조참의를 보내 초상 치르는 일을 맡겼다. 광해군은 다른 왕들이 사후에 붙여지는 '조'나 '종'이 붙은 묘호가 없다.

〈월정 해변〉

제주올레21코스

〈제주해녀박물관-종달바당〉
(11.3km)

제주해녀박물관 안내소를 출발하여 연대동산을 지나 풀 냄새가 물씬 풍기는 농로를 걷고 별방진을 지나서 바닷바람이 시원한 해안길을 걸어서 지미봉에 올라 우도와 성산일출봉의 모습에 탄성을 지른 후, 종달바당 간세에 도착한다.

〈지미봉에서 본 우도와 성산일출봉〉

해녀항일운동 집결지 연대동산

제주 최대 항일 투쟁이었던 제주해녀항쟁을 위해 1932년 1월 7일 1차로 해녀들은 이곳 연두망동산(연대동산)에 집결했고, 1월 12일 세화 오일장이 서는 날에는 종달리, 하도리, 오조리, 우도 등의 잠녀(해녀는 일본식 표현이다.) 1,000여 명이 호미와 빗창을 들고 어깨에는 양식 보따리를 매고 순식간에 모여 함성을 외쳤다.

이들은 신임 순시 차 세화를 지나가던 제주 도사(島司) 겸 해녀조합장인 다구치 일행에게 지정판매제 반대, 조합비 면제, 일본상인 배척 등을 요구하면서 시위를 벌였다. 시위는 한 달 만에 진압되었지만, 연인원 1만 7,000여 명이 가담한 잠녀들의 투쟁은 해녀 공동체의 단결력과 용감한 저항정신으로 살아 남았으며, 2차 봉기의 집결지였던 이곳에 탑이 세워진 것이다.

〈제주해녀항일운동기념탑〉

'우리들의 요구에 칼로써 대응하면 우리는 죽음으로써 대응한다!'

별도의 방어진지 별방진성

진성은 외적의 침입을 방어하기 위해 해안이나 내륙 지역에 쌓은 성곽으로, 우도(牛島)에 진을 치고 노략질을 자주 하는 왜선(倭船)이 인근 해안에 상륙할 가능성이 많아지자, 1510년 삼포왜란

〈별방진성〉

당시 제주 목사 장림(張琳)이 김녕방호소를 우도에 진을 친 왜구에 대비하여 하도리 벨방개 또는 한개창이라 부르는 별방포구로 옮기고 특별한 별도의 방어진지라는 의미에서 별방진성(別防鎭城)이라 이름 짓는다. 흉년에 백성에게 곡식을 빌려주는 별창(別倉)을 갖춘 진성이었다.

기근이 겹치면서 축성 공사가 무척 힘들었는지 사람들은 똥을 먹으면서 성을 쌓았다는 이야기가 전해오고 있다.

별방진성은 해안가에 그치지 않고 바다까지 가로질러 성을 쌓았으며, 왜적이 나타나면 이곳 별방진성 사람들은 연을 날려 신호를 보냈다고 한다.

밀물 때 바닷물이 흘러들어 오도록 설계된 별방진은 타원형의 성으로 동문, 서문, 남문이 있었다. 일제 강점기 때 전국 성곽 해체과정과 이곳 포구 공사에 성곽 돌이 대거 사용되면서 대부분 훼손되었다.

탐라의 만리장성 (하도)환해장성

　　환해장성[52]은 제주도에서만 볼 수 있는 독특한 해안 방어 시설로 고려에서 조선까지 600여 년의 역사를 간직하고 있다.

　　삼별초를 막으려고 고려군이 쌓았던 돌담, 이어서 고려군을 막으려고 삼별초가 더 견고하게 쌓아 올린 돌담 성벽인 환해장성이 세월이 지난 후에는 일본 왜구들을 막아 주는 방패막이가 되었다.

　　제주 해안에는 모두 28개의 환해장성이 남아 있었지만, 이들 중 상태가 양호한 열 군데만 지방문화재로 관리되고 있다.

　　김상헌의 『남사록』에는 '바닷가 일대에는 석성을 쌓았는데 길게 이어져 끊어지지 않았다. 온 섬을 돌아가며 곳곳이 모두 그렇게 되어 있는데, 이것을 탐라 때 쌓은 만리장성이라고 한다'고 되어 있다.

〈(하도)환해장성〉

---

52)　제주올레10코스 제주도의 방어 유적 참조

자연빌레를 이용한 어장 멜튼개

하도리 굴동에 위치한 갯담으로 문주란섬(토끼섬) 가까이 있으며 자연 빌레를 이용한 이중 갯담으로 지금도 고기가 몰려들고 있는 살아 있는 유적이다.

갯담('원담'이라고도 한다.)은 일종의 고정형 고기잡이 그물로 해안 조간대에 돌담을 원형으로 쌓아두고 밀물 따라 몰려왔던 멸치 떼나 고기들이 썰물이 되도 돌아가지 못하도록 지역 주민들이 공동으로 돌담을 설치하고 관리한다. 주로 제주 해안가에 산재해 있으나 최근에는 해안 매립으로 대부분 소멸되어 그 흔적을 찾아보기 힘들다.

갯담 안에 들어오는 어종은 주로 멸치였다. 멸치가 담 안에 들어오면 큰소리로 '멜 들었수다.' 하면서 동네 한 바퀴 돌면 아낙들은 구덕을 가지고 멜을 담아 가서 멸치젓, 멸치튀김 등을 조리해서 먹었다.

갯담은 일종의 고정형 고기잡이 그물 역할을 하며, 마을 사람들이 공동으로 만들고 공동으로 관리한다.

〈멜튼개〉

제주도의 땅끝 지미봉[地尾烽]

　　이 오름은 제주시 구좌읍에 위치하고 있으며, 높이는 해발 165.8m, 비고 160m에 달한다.

　제주도 서쪽의 한경면 두모리를 섬의 머리 또는 제주목의 머리라 하고, 반대쪽 끝인 이 오름을 땅끝이라 했다. 땅끝 한 모퉁이에 외떨어져 있어 지미봉(地尾峰)으로 속칭 땅끝이다.

　지미봉의 북사면은 온통 나무가 우거져 있고, 말 말굽형 분화구가 북향으로 벌어지고 안에는 밭들이 가득 들어앉아 있다. 굼부리 북쪽에는 여남은 개의 조그만 동산이 나무나 풀에 덮여 산재해 있는데 굼부리동산이라고 부른다.

　지미봉에서 펼쳐지는 조망은 단연 최고다. 동쪽으로 바다 건너에는 금방이라도 벌떡 일어나 달려올 것 같은 우도(소섬)가 있고, 발아래 종달리부터 성산포까지 오밀조밀 들어앉은 동네의 조망은 지미봉 아니면 만날 수 없는 압도적인 풍광이다.

　꼭대기엔 봉수대의 흔적이 비교적 뚜렷하고 이중으로 둘러쌓은 둑이 잡풀에 덮여 있다. 지미봉수는 북서로 왕가봉수, 남동으로 성산봉수와 교신했다.

〈지미봉〉

제주목의 끝마을 종달리

　　종달(終達)은 맨 끝에 있는 땅, 제주목의 동쪽 끝 마을, 또는 종처럼 생긴 지미봉(地尾峰) 인근에 생긴 마을이라는 뜻이다.

　　원래 종달은 종다릿개(終達浦)라는 포구 이름에서 유래한 것으로 보이며 주민들은 '종다리' 또는 '종달'이라 부른다. 제주에 부임한 목사가 맨 처음 제주를 둘러볼 때면 시흥리에서 시작해 종달리에서 순찰을 마쳤다고 한다.

〈지미봉에서 본 종달리〉

올레꾼이 쓴 제주올레길

Tip 36. 종달리 지명에 대한 이야기

종달리에는 지명에 대한 전설이 있다. 중국 진시황은 탐라에 훌륭한 인물이 태어날 것이 염려되어 혈을 끊으라고 풍수사 고종달이를 파견한다. 정의현의 동쪽인 종달리에 상륙하여 내린 고종달이는 인가를 찾아 여기가 어디냐고 물었다. 종달리라고 하자 자신의 이름을 함부로 썼다며 몹시 화를 냈다.

고종달이(胡宗旦)는 우선 종달리의 물 혈부터 끊었다고 한다. 역사 속 고종달이는 풍수사로 알려진 송나라 복주인(福州人)이고, 고려 초에 귀화하여 15여 년 동안 관리 생활을 했다고 한다. 예종 때 탐라로 들어와 지기(地氣)를 눌렀다고 전해지는 신비로운 인물로 알려져 있고, 제주 내 많은 지역에서 고종달이 등장하는 전설이 내려오고 있다.

〈종달리 안내석〉

〈가파도에서 본 산방산과 한라산〉

〈군산오름에서 본 한라산〉

〈제주올레길 일몰〉

Tip 목록

인용 도서

강민철 지음, 『올레 감수광』, 컬쳐플러스, 2010

고광민 지음, 『제주생활사』, 도서출판 한그루, 2018

고희범 지음, 『이것이 제주다』, 단비, 2013

김은하 지음, 『탐라순력도 따라 제주역사여행』, (주)위즈덤하우스, 2018

김종철 지음, 『오름나그네 1, 2, 3』, 다빈치, 2019

김형훈 지음, 『제주는 그런 곳이 아니야』, 나무발전소, 2016

박상준 지음, 『구석구석 제주올레길』, 스타일북스, 2011

박수현 지음, 『탐라 그리고 제주』, 바람길, 2022

박정복 지음, 『낭송 제주도의 옛이야기』, 풀어읽음, 북드라망, 2021

사단법인 제주올레, 『제주올레(서귀포시가이드북)』, 2009

사단법인 제주올레, 『제주올레(제주시가이드북)』, 2009

송언근 지음, 『제주의 역사, 문화, 생태담사』, 교육과학사, 2020

송언근 지음, 『지리교수와 함께하는 제주여행』, 교육과학사, 2020

신정일 지음, 『신정일의 신택리지』, 쌤앤파커스, 2019

양진건 지음, 『제주 유배길에서 만난 사람들』, 제주대학교출판부, 2013

여연 지음, 『조근조근 제주신화 1』, 지노, 2018

오수태 지음, 『가슴으로 걷는 올레 900리』, 좋은땅, 2021

유홍준 지음, 『나의 문화유산답사기』, 창비, 2020

이승태 지음, 『제주 오름 트레킹 가이드』, 중앙일보에스, 2021

이영권 지음, 『제주 역사기행』, 한겨레신문사, 2004

이영권 지음, 『새로 쓰는 제주사』, (주)휴머니스트출판그룹, 2005

이영철 지음, 『제주올레 인문여행』, 혜지원, 2021

장공남 지음, 『제주도 귀양다리 이야기』, 이담, 2012

주강현 지음, 『제주기행』, 각, 2021

최열 지음, 『옛 그림으로 본 제주』, 혜화1117, 2021

현용준 지음, 『제주도 전설』, 서문당, 2016

황윤 지음, 『일상이 고고학 나 혼자 제주 여행』, 책읽는고양이, 2021